喬木書房

喬木
書房

THINKING

思維

一場拉開人生差距之旅

要想突破自己，就一定要打破固有的思維！

思維決定行動：只有思維正確，行動才會有方向，也才能取得事半功倍的銷售效果

有的人能力不如你，人生閱歷不如你，技巧不如你，親和力不如你，形象不如你，但收入比你高！是什麼限制了你的收入？真正拉開彼此差距的，是面對事物時的思維模式！

銷售是一項報酬非常高的艱難工作，也是一項報酬最低的輕鬆工作。所有的決定均取決於你的思維心態，你可以選擇成為一名高收入的辛勤工作者，也可以成為一名收入最低的輕鬆工作者。

蔣蔚剛 著

CONTENTS

目錄

CONTENTS

前言

有人說「銷售」是沒有技巧的，只要去「做」，就能獲得豐厚的回報。但隨著越來越多的人加入銷售服務的行列，競爭也日益激烈，人們開始發現這個「做」是一門大學問。銷售服務不只是埋頭苦幹就能「做」好的，銷售服務不僅要用「腳」去「做」，更要用「腦」去「做」、用智慧去「做」。

要做好銷售服務，技巧的掌握很重要。以下是兩種眾多推薦的成功銷售技巧：

一種是訴求「行動」的技巧，

另一種則是強化「思維」的技巧。

關於「行動」的技巧有很多，比方如何和客戶預約會談時間，如何解答客戶的疑問，在客戶猶豫不決時如何讓客戶下定決心。獲得這些技巧有很多途徑，比如和同事們共同探討、向主管請教、研讀有關書籍或者參加進修課程等，只要平時多學多問，就可掌握這些技巧。

與「行動」的技巧相比，「思維」的技巧則更加重要。我們都知道思維決定行動，只有思維正確，行動才有方向，也只有朝著正確的方向行動，才能取得事半功倍的銷售效果。但是掌握正確的思維方式並不容易，與同事或主管的簡單請益或交流，並不能有效地改變我們的思維。思維的改變必須依靠銷售人員本身的自我突破，只有自己說服自己，才能脫離舊有的窠臼，建立正確的新思維。

當然，這種思維的破舊立新需要有高度成就動機來推動下完成，而本書所扮演的正是這一角色。

「在信心十足、樂觀積極的人看來，世界上的一切都是美好的，並非他看不見醜陋的一面，而是他選擇光明的一面加以發揮，於是失敗就離他遠去了。」銷售服務的成功關鍵在於思維的轉變和心態的調整。

本書從如何尋找潛在客戶、如何把握成交時機等五個方面，扭轉長期以來銷售服務給人的負面印象，提供一種嶄新、具革命性的思維方式。這些成功的方法是本書作者歸納當今知名頂尖銷售人員的成功經驗後得出的，這些方法已經幫助許多人脫胎換骨邁向成功，當然也一定能幫助那些處於事業困境的銷售人員取得突破性的發展，並獲得最後的功成名就。

01 最好的銷售就是服務

在銷售過程中，銷售人員的職責就是像服務員一樣，幫助客戶找出他們真正需要知道的資訊，引導他們做出最好的決定。銷售人員應該為客戶服務，而不是產品。認真盡責地做客戶的服務員，是提高銷售業績的最有力武器。

統計資料指出，影響客戶消費的因素中，五%是交情深淺、九%是價格高低、一八%是品質好壞、六八%是服務。由此可見服務在銷售中所占的重要地位。

然而，在銷售工作中，有些銷售人員存在著──「只要將產品賣出去銷售工作就結束」的思考模式。

這種消極的思維模式和銷售方式，很難贏得客戶的信任與尊重，更難用來挽回客戶建立良好的客戶資源。只有打破這種思維模式，才能取得良好的銷售業績。

好的服務才有好的結果

銷售人員應該把自己當作客戶的服務員，不只是向客戶推銷產品，還要讓客戶感覺到自己是實實在在的為他服務，是真正的想他所想、急他所急，幫助他解決問題。

有位商務軟體的銷售人員打電話給客戶，追蹤軟體的售後情況，並想趁此向這位客戶推銷其他設備：「您好，是張小姐嗎？我是××公司的小陳，您現在有空嗎？……我是您的業務代表。關於您剛購買的財務會計系統，目前使用得如何？……很好，我打電話來主要是想作個自我介紹，並留下我的名字和電話號碼，以便您有需要時可以聯絡我。我們這裡剛到了一批硬體設備，性能卓越，價格也不算太高，絕對物超所值。就拿××型支援設備來說，性能非常穩定，使用起來相當方便……」。

經過二十分鐘的談話後，銷售人員結束了與客戶的談話。後來，這位銷售人員也沒有實現將其他設備推銷給客戶的願望。仔細分析，不難看出，這位銷售人員在談話的過程中，只顧推銷其他設備，而沒有考慮客戶的利益。這樣做只會讓客戶產生排斥心理，而不想加買其他設備。只有讓客戶覺得是在為他服務，而不僅只是為了推銷產品，客戶才會積極地溝通，並有可能簽下訂單。如果銷售人員在電話中能採用下面的銷售話術，推銷將能順利地進行下去。

「您好，是張小姐嗎？我是××公司的小陳。兩個星期前我們開始了愉快的合作，這個號碼是我們公司的售後服務電話，如果您的新系統出現異常或為您帶來了不便，您可以撥打這個電話，我們的售後服務人員會上門為您維修。過去的兩個星期裏，您的新系統運轉如何？……聽起來還不錯，而且您的團隊都在學著用了。在學習的過程中您需要什麼支援系統嗎？……看來在您公司中什麼都不缺。那還有沒有新進員工要學這一系統？……人還不少嘛。恐怕那麼多人不能共用一個系統了……那您還需要什麼來支援未來的運作環境？……添加設備的價格是××元。……是的，不便宜，您現在有這個預算嗎？……哦，很好，要做好這個預算，還有些什麼需要我效勞的？……當然，我會把價格和規格傳真給您，還有別的需要嗎？」

不難看出，兩段話的目的都是為了推銷，但是從客戶的感覺來看就完全不同了。第二段對話可以使客戶強烈地感覺到是在為他服務。這樣的對話所帶來的結果肯定是令人振奮的。

松下幸之助曾說：「**售前的恭維不如售後的服務，這是擁有永久客戶的不二法門。**」服務的好壞直接影響銷售人員的銷售業績。一個不滿意的客戶會帶走一批滿意的客戶。一旦客戶的不滿沒有得到積極的反應，他們就會迅速地擴展他們的抵制情緒。反之，如果客戶感受到自己真正的被關注，他們也會替企業和銷售人員義務宣傳，無形中就能增加許多客戶的資源。

好的服務才有好的結果。銷售不只是一次的買賣，應該把每一次成功的銷售作為銷售推廣的基礎，為自己建立起良好的形象，為創造更高的銷售業績來打底。所以，在達成交易之後，還要根據需要來規劃良好的售後服務。

王經理是某健身器材的銷售高手，他最看重的就是售後服務。他說：「一次滿意的銷售，可帶來十六倍的生意。換言之，賣出一部健身器材之後，客戶用過後覺得很滿意的話，經由他的宣傳與介紹，可帶來十六部的訂單。」

美國一項研究結果指出，客戶對商品或服務如果不滿意，九六%都不會直接向賣方抱怨，但是他們會告訴十個以上的親友，這樣的負面宣傳是非常可怕的。

王經理「售後服務」工作是在健身器材賣出後三天內，一定派專人去檢查；兩週之內，再以電話訪問追蹤；一個月內，再派專人做免費的服務檢查。這樣頻繁貼心的服務贏得許多客戶的認可，業績當然就會很好。

如果是每天都抱持著這樣的心態來經營自己的銷售，就能跟客戶建立起超越買賣關係的朋友關係。客戶也會樂於介紹自己的朋友，客戶的資源很快就會增加，業績的提升自然不在話下。

不要放過任何一個服務的機會

彼得是××電腦公司的一名銷售人員，他有一個特殊的銷售習慣，每次到客戶家拜訪時，都要做三件事：向客戶介紹產品、把寫有自己名字和聯繫方式的名片貼在機器上、和客戶要三個人的聯絡方式。

一天他像往常一樣，去拜訪一位客戶。令人意外的是，女主人一聽完他的自我介紹就皺起了眉頭，她說：「我買過你們公司的電腦，可是自從我購買之後，你們的人就再也沒有露面。我想找人維修機器都找不到人！」

彼得明白了，自己今天遇到的是公司同事的客戶。在這種情況下，彼得完全可以告訴她公司的售後服務電話然後離開，把這個燙手的山芋丟掉。

但是有著強烈責任感的彼得並沒有這麼做，他主動跟女主人說：「夫人，別生氣，我來了。讓我看看你的機器有什麼問題。」說完後，就開始修理起客戶的電腦來。問題不大，很快就能解決。

一般來說，這樣的客戶不太可能再買這個品牌的產品了。但是彼得還是熱情地向她介紹公司的新產品，並把自己的名片貼在客戶的電腦上。

女主人很滿意彼得的服務態度，竟然又買了彼得推銷的一些週邊產品，還給了彼得自己的三個鄰居和三個親戚的電話號碼。

後來這六個人也成了彼得的客戶。這些老客戶又給他帶來了大量的新客戶。

整整半年，彼得都在這些人中間轉，並且獲得了可觀的回報。

平庸的銷售人員不懂得服務的價值，他們總是對購買了自己產品的客戶不聞不問，更對準客戶其他方面的困難無動於衷，這種做法正是他們失敗的根本原因。那些成功的銷售人員從不會放過任何一個可以服務的機會，他們不會介意客戶所要求的服務是否與他們所銷售的產品有關，他們認為，有些服務或許與產品無關，但卻和自己未來的成績有關。

有一位高級住宅銷售人員，從來不錯過機會為她的客戶提供服務。她說：「我一直保持為客戶提供與房地產銷售不大相干的服務。例如，我這裡成了他們的資訊中心，我會告訴他們有關教育制度、殘障兒童學校、養狗場、教堂、能幹可靠的管理員等等方面的資訊。我有時也會去拜訪那些轉包商，並且和他們一起佈置房間，比如貼壁紙、掛油畫、鋪地毯等等，我甚至還會替客戶們澆灑草坪。在必要時，我會毫不遲疑地自掏腰包替客戶提供服務。當然，我也因此獲得了豐厚的回報。」

為客戶管理家務，提供和銷售無關的資訊，甚至整理草坪，這些事情看似和銷售無關，但卻往往有意想不到的收穫。能給客戶提供最大限度的方便和服務，而不過分計較金錢，會讓客戶對銷售人員有更高的評價與依賴，這個關係會直接影響到以後交易的變化。

服務重在回應

當我們大談服務的重要性的時候，很多銷售人員還不知道銷售服務究竟是什麼呢，人們只知道一些口號：「讓客戶感到高興，讓客戶感到滿意。」這個答案就太籠統了。還有一些人認為，服務就是幫助客戶解決產品使用中所發生的問題，這個答案又過於被動而不積極。事實上，真正的服務就在「回應」。在銷售前選擇合適的產品回應客戶的需求，在銷售過程中用專業清晰的言語回應客戶的疑問，在銷售之後用最大的服務熱忱和友情回應客戶的需要。「回應」這個詞是主動的，不是等待，而是尋找，所以，只有回應才能「讓客戶感到高興，讓客戶感到滿意」。

服務重在回應，要做好回應，銷售人員就必須做好以下幾點：

◎為客戶提供真正喜歡的服務。

一個銷售專家曾講過這樣一個故事：

從前有個男孩名叫提姆。他喜歡上了一個名叫珍妮的女孩，為了讓珍妮注意並喜歡自己，他決定要送珍妮一份特別的禮物。

那天下午，提姆在池塘邊花了好幾個小時，捉到了一隻青蛙。第二天，他膽怯地將青蛙送給珍妮，結果把珍妮給嚇壞了。「既然她不喜歡青蛙，」他心想：「我還可以捉什麼送給她呢？」

同一天下午，提姆在草地上又花了數小時，終於捉到了一隻蟾蜍。第二天，他將蟾蜍送給珍妮，結果又嚇壞了她。

「好吧！」他心想：「既然她不喜歡青蛙也不喜歡蟾蜍，我猜她一定有喜歡的東西。再試一次吧！」

那天下午，他在沼澤附近花了許多時間，找到了一隻蜥蜴。因為比青蛙及蟾蜍大了許多，所以他花了很大的工夫，才把捉來的蜥蜴放進鞋盒裏，並且放了草和食物，還在盒蓋上打了幾個洞。第二天，他把蜥蜴送給珍妮，結果她的反應是：「噁心！」

女孩子喜歡的是花草而不是男孩們所喜歡的青蛙，同樣的，你的客戶所需要的服務也與你所需要的不同。**銷售人員在提供服務時要有所選擇，即使不能雪中送炭，也要盡可能做到錦上添花，千萬不要服務不當而惹人討厭。**你可以為一對工作繁忙，沒有時間照顧小孩的夫妻提供附近幼稚園的資訊，但如果你鄭重其事地把這一資訊告訴一對不能生育的夫妻，就難免會產生誤會。要做到這一點，銷售人員必須對客戶的情況有所掌握，知道客戶的需求所在。

◎正確處理客戶的抱怨和申訴。

如果服務發生什麼問題，客戶肯定會抱怨。當然有時可能不是你的錯，但不管怎樣，都應該耐心地因應客戶的抱怨，這是銷售服務的重要內涵。

處理申訴問題，是銷售人員日常生活的一部分：處理問題的效率越高，成功的可能性就越大，因為妥當地處理客戶的抱怨是贏得客戶的最有效方法。沒有人能夠完全避免差錯的出現，大多數客戶和潛在買主都知道這一點，他們能夠原諒銷售人員一次不經意的錯誤，但他們不能夠接受的是同樣的錯誤反覆出現，或因處理不當而給自己帶來的不愉快。

在處理客戶的抱怨和申訴時，銷售人員需要注意以下幾點：

※把自己的全部注意力都集中在客戶身上，盡可能多地與客戶進行眼光接觸。

※說話、動作都應該保持鎮定。

※關心和體貼客戶，把抱怨對人際關係的損害降低到最小程度。

※耐心的傾聽、認真的傾聽，弄清楚客戶到底在抱怨什麼。

※耐心和理解是最大的資產。當客戶安靜下來時，要給予安慰，表現你的理解。表現越真誠，解決抱怨的速度就越快。

※確保得到所有抱怨資訊。如果有必要，問一些問題，然後覆述客戶的投訴，確認你完全理解了他所說的話。如果他說：「你沒有搞清楚。」就要讓他重申自己的觀點，這樣才能更有效的解決問題。

※只要有可能就提供解決方案，使其符合客戶的要求和預期。給予客戶一個目標，讓其知道你完全理解他的處境和所遭受的委屈，並且盡量支持他的觀點，這樣就可以平息客戶的怒氣，使其滿意。

※如果很難找到一個好的解決辦法，可以徵求客戶的想法：「××先生，如果要解決問題，同時對我們雙方都可接受，您覺得我們應該怎麼做呢？」在大多數情況下，提出申訴的客戶要求的事情並不會太過分，因此接受他們的要求應該並不困難。

※追蹤所做出的安排，看看是否像所承諾的一樣兌現。如果確信一切都辦得井井有條，應該給這位受了委屈的客戶寫一封感謝信，感謝他給予改正錯誤的機會，並希

望他對自己和自己所在的公司保持信心，並且繼續支持。

◎要積極主動。

服務客戶，要抱持積極主動的態度，不要等到事情已經不可收拾再採取補救措施。下面這個例子值得參考：

一位美國女記者到日本渡假，到購物商場選購了一套音響準備送給東京的婆婆。挑選完畢之後，營業員按照這個已經挑好的品牌，到倉庫取貨並交給了這位美國客戶。當女記者回到飯店後，打開一看，卻發現買來的音響只是一個空心的貨樣。對這種近乎詐欺的事情，女記者立刻撰寫了一篇文章：《微笑背後隱藏的真相》準備在第二天發送到報社。然而，第二天早上她剛要出門，商場的經理和營業員卻出現在她的面前。他們首先送上一台完整的音響，還附送一張經典唱片。

原來在當天晚上盤點貨物時，營業員發現一個貨樣被賣出了，於是電告各門口的警衛「攔堵」此客戶，但最終並沒有找到這位客戶，於是營業員趕緊將此事上報經理，後來他們從客戶遺漏下的一張快遞單據，查出客戶父母的美國電話，由此查出客戶日本婆婆家的電話，最後查出客戶在本地所居住的飯店。在這個過程中，他們總共打了三十五通電話。

可想而知，如果營業員沒有主動積極的精神，而是任由事態發展的話，公司的損失將會非常大。很多時候，如果銷售人員在服務上採取主動的態度，客戶的很多抱怨和申訴通常可以在一開始時就得到妥善的解決。

所以，不管所面對的是新客戶還是老客戶，也不管他買了什麼樣的產品，都不要等待客戶反應問題，而要主動詢問客戶在使用產品的過程中是否有什麼不便，產品的效果是否令他感到滿意。

02 不要把客戶的拒絕當成是自我失敗

在銷售的過程中，拒絕和異議是不可避免的。銷售人員每天都會遭遇到客戶的拒絕，每天都要面對客戶所提出的異議。很多銷售人員一遇到這些問題就會認為自己的銷售是失敗的，於是便選擇放棄。但那些業績傲人的銷售人員卻從不因此而消極沮喪，總能正確地面對客戶的拒絕，妥當地處理客戶的異議，最終達成交易。

客戶說「不」並不等於拒絕

想約見客戶時，客戶卻客氣地說沒有時間；

詢問客戶需求時，客戶卻閃爍其詞，隱藏真正的動機和需求；

向客戶解說產品時，客戶卻帶著不以為然的表情；對於銷售人員來講，客戶說「不」是司空見慣的。「你知道……嗎？」「不，我們不需要。」很多銷售人員與客戶的第一次交流就這樣結束了。

客戶的「不」對於銷售人員來說，無疑是相當大的打擊。對於很多銷售人員來說，客戶的拒絕通常意味著整個銷售計畫的失敗。事先模擬好的各種答詢、示範以及其他所有促進客戶達成交易的準備，全都派不上用場。當客戶不假思索地說「不」並擺出一副拒人於千里之外的姿態時，似乎只有收拾東西走人才是最明智的選擇。大部分的銷售人員正是這樣做的，這使他們的銷售成功率極低，而且很難創造出卓越的業績。

銷售過程中的任何一個舉動，客戶都可能不贊同、提出質疑甚至拒絕。從接近客戶、介紹產品、示範操作到最後成交的每一個步驟，客戶也都有可能提出不同的看法。

其實，當客戶說「不」的時候，通常只是表示他們「不知道」。客戶可能不知道你，不知道你的公司，不知道你所要進行的銷售的內容，甚至不知道他們自身真正的需求。在成功的銷售人員看來，客戶說「不」不但不是拒絕，相反還是一次增加瞭解、促進溝通，甚至最後成交的機會。

很多優秀的銷售人員認為，當客戶說「不」時，是走近客戶的絕好機會。因為客戶的「不」只是表示其在某方面還存有疑問，而且瞭解得還不夠充分。這時銷售人員需要做的不是放棄銷售，而是解決客戶疑問，增進其對於產品的瞭解，激發其購買的意願。

銷售就是從客戶的異議開始的，如果客戶對你的介紹置之不理，那才是銷售人員的悲哀。**雖然客戶的異議總是給銷售人員帶來煩惱，甚至是信心上的打擊，但同時它也是銷售人員從客戶身上獲取更多資訊，影響客戶最終達成交易的機會。**一位成功的銷售人員曾經這樣說過：「客戶的異議就像是茫茫大海中迷航的船所見到的燈塔，指引著成功的方向。」

客戶的異議說明客戶有購買的意願。銷售人員應該記住：如果客戶沒有購買的意願，他們就永遠不會對你的推銷產生異議。所以對於客戶的異議，不僅不必害怕或膽怯，相反還應該感到高興，因為往往有異議的客戶就是最後成交的買家。

客戶的異議反映出客戶的需求。當客戶對產品的某方面表現出強烈的興趣、抱有很大的顧慮或給予了很多的關注後，那麼這方面往往就是客戶的需求所在。**道理很簡單，如果客戶想吃蘋果的話，他是不會和你討論香蕉的價格的。**一般情況下，客戶的異議就是其本身需求的一種直覺反應。

客戶的異議是與客戶溝通、建立聯繫的機會。從根本上說，推銷是一個從「異議」到「同意」的過程。**一次成功的推銷，就是一次「同意」的達成**。在解決客戶異議的過程中，銷售人員和客戶間的相互瞭解將逐漸加強，客戶的異議製造了邁向成交的機會。

因此，客戶的異議並不可怕，可怕的是不敢去面對。實際上，客戶的異議，正是客戶的興趣所在，也是成交的希望。正確積極地面對客戶的異議，並設法圓滿地解決，是每一個銷售人員走向成功的必備素質。

瞭解客戶心理，化解客戶的異議

通常客戶會基於本身的經濟狀況、使用情況和對同類型產品及技術的瞭解而表達對產品的不認可，如：不合適、價格過高、技術過時等，但更多的時候客戶會因為資訊不充分或缺乏經驗而產生錯誤的認知。這時，銷售人員能否提出具體、有說服的解釋就很重要了。

另一方面，很多的異議都是因為情感和心理上的不滿和恐懼而產生的。

通常，這一類的異議是缺乏道理和合理解釋的，僅僅出於客戶對某些事物消極的態度和錯誤的看法。

當然，客戶也會在雞蛋裏挑骨頭，策略性的試探，增加自己殺價的籌碼。

藉由對客戶心理的分析，我們可以把客戶產生異議的原因歸納為理性、感性和策略性原因三種。針對客戶的異議產生的不同原因，銷售人員可以根據客戶不同的心理狀態，採用對症下藥的方法，積極解決銷售過程中出現的異議。

面對理性的懷疑或顧慮，應積極找出讓客戶產生懷疑和顧慮的原因；面對感性的誤解，應洞察客戶誤解背後的需要；而面對策略性的要求，則需要銷售人員做出相對性的解答。

客戶的異議產生的原因，通常複雜而難以預料。在沒有確定客戶反對的重點前，銷售人員直接回答客戶的反對意見，可能會引發更多的異議。這時銷售人員最好透過不同層面的詢問，來分析判斷客戶的真正用意。

多問幾個「為什麼」，不但可以讓客戶說出原因，而且還會使客戶客觀地檢視其反對意見是否妥當，降低銷售人員排解異議的難度。

詢問應該越開放越好，要盡量讓客戶說出異議的全部。例如，價格異議是銷售人員最常遇到的。如果銷售人員採用：「除了價格外，我們還可以在哪些方面進行補償呢？」、「貴公司是如何考慮價格方面因素的？」等技巧性提示，就比直接詢問價格的原因，更容易發現客戶的異議產生的原因，有利於異議的疏通。

但需要注意的是，當客戶的「不」說出口時，氣氛就會變得尷尬起來。此時如果銷售人員毫不妥協，固執己見，推銷就只能到此為止。但若能適當地認同客戶的意見，尷尬的氣氛不僅能夠消除，而且當這種負面的感覺消失的時候，客戶對銷售人員的敬意也會油然而生，有助下一步的彼此瞭解。

要緩和對立的氣氛就必須讓客戶防禦的心理得到放鬆。當客戶說「不」的時候，可以向客戶提議：「現在不需要沒有關係，我們可以先做個朋友啊！」讓客戶在心理上先有個緩衝，然後再看事辦事。而客戶一般都會回應說：「做朋友當然可以！」這樣一來，藉由簡短的幾句「題外」話，緊張的情緒很快就可以得到紓解。

讓客戶不再說「不」

儘管客戶的「不」並非都是拒絕，有些甚至還是很好的成交的機會，但銷售人員還是希望客戶能表現得更熱情和積極一點。

然而，要做到讓客戶不再說「不」，銷售人員必須未雨綢繆，防患於未然，仔細分析客戶說「不」的原因，再對其做個別的解說，來開惑解疑。

通常，客戶的「不」可分為顯性和隱性兩種。

顯性的「不」，是因為客戶在不瞭解或未經過深思熟慮的情況下說出的，以不經大腦的脫口而出居多。應該說，這樣的客戶應該是有購買慾望，只是注意力並沒有集中在所介紹的產品上，對你以及你的產品缺乏足夠的認識，信心不足或是客戶經過初步瞭解和分析後，發現產品的性能、特點、價格等方面不能完全滿足其需要，因而做出「不」的決定。

隱性的「不」則是客戶出於某種心理因素，不願說出真正的原因，而用別的藉口加以掩飾。比如，經濟上的壓力，但又不願明說；缺乏一定的瞭解，又不願意顯示自己知識的不足；對產品或服務的印象欠佳，但又怕引起爭執等。

針對「顯性」拒絕的客戶，銷售人員應該以熱情而負責的態度，介紹自己，講解更多產品相關的知識，特別是客戶的疑慮，進行個別的解釋說明，必要時還可以當場示範，以增強客戶對產品的認識和信心。

針對「隱性」拒絕的客戶，銷售人員應尊重其心理需求，引導其說出真正的原因，從而扭轉客戶的拒絕態度。對這類客戶不要與他們爭論拒絕的理由，但也不能盲目附和，而應該信心十足地說明產品的價值和性能，強化客戶的信心。

總之，銷售人員不僅要示範產品，取得訂單，還要承擔起教導客戶的職責，傳達產品的知識，教授的使用的方法，這樣才不會對客戶的拒絕感到無所適從，進而提高銷售業績。

誠懇是化解異議的關鍵

面對客戶的異議時，銷售人員首先態度要誠懇，要讓客戶感覺你明白並尊重他的異議。

銷售人員不但要真誠，還要讓客戶感受到自己的誠意。具體來說就是要做到以下幾點：要勇於承擔責任，「是我們的責任」、「這是我的錯」；要站在客戶的立場，「你這樣考慮是很正常的，不過……」；要保證馬上行動，「我這就給主管打電話」、「我一回去就……」；要說明答覆或解決問題的時間，「最遲明天下午四點鐘前我會給你滿意的答覆」。

對於一些無理取鬧，情緒化的異議，比如：「這個包裝太難看了」、「你們公司太小氣了吧」，或者客戶提出的反對意見和眼前的交易扯不上關係，並且不是真的想要獲得解決或討論時，銷售人員只要面帶笑容地表示收到訊息就好了。特別是當客戶只是為反對而反對，或只想表現自己高人一等的看法時，銷售人員只需以誠懇的態度對待，迅速引開話題就行了。

除了態度誠懇之外，銷售人員在化解客戶異議、達成交易時，還應注意以下幾點：

「不打無準備之仗」。充分準備，是銷售人員化解客戶的異議應遵循的一個基本原則。銷售人員在出門之前就要將客戶可能會提出的問題條列出來，並準備各種因應的答案，這樣，當客戶提出異議時就可以胸有成竹，從容應對。

面對客戶的異議時，如何選擇恰當的答覆時機也是一個很關鍵的因素。優秀的銷售人員對客戶提出的異議，不僅能夠給予圓滿的答覆，而且還能選擇恰當的時機進行答覆。因為在錯誤的時間給予回答，不但無法化解客戶的異議，而且還有可能引發更多的異議，甚至導致銷售的失敗。

最重要的一點是，絕大多數的異議需要立即回答，這樣可以提高客戶購買的意願，也是對客戶的尊重。

對於客戶關心的重要事項、影響銷售進行和決定客戶能否馬上簽約的異議，銷售人員必須立即做出相應的回答；而對於模棱兩可、含糊其詞、讓人費解的異議，原因還不清楚的異議，難以用三言兩語解釋清楚的異議，涉及到較深的專業知識與不易為客戶馬上理解的異議，以及因為客戶不瞭解產品特性而產生的價格的異議等，最好採用緩兵之計，延後處理。

03 博感情，與客戶建立革命情感

一名銷售人員要想和客戶維繫長期穩定的關係，和客戶博感情是最最有效的方法。銷售人員在前往拜訪客戶之前都必須自我教育：我的目的是賣出產品，但是手法是和客戶建立良好的情感互動。當客戶首次認識銷售人員時，必然先將銷售人員當成陌生人來對待。我們從小所受的教育就是要提防陌生人，盡量少和陌生人接觸。因此對於銷售人員來說，陌生開發遭到拒絕是很正常的事，所以千萬別灰心。

銷售人員開始所要做的事情就是與客戶搭起感情互動的橋樑。試想，如果一個陌生人一見面就大談交易、大談產品，除非是客戶確實有很強的採購需求，否則絕對吸引不起客戶的購買慾望。因此在和客戶的第一次接觸中應該盡可能與客戶閒談一些比較有趣輕鬆的話題，比如談談他的孩子、談談他的求學經驗等等，藉此來引起客戶的共鳴。雖然這樣做不能馬上達成交易，但這種做法絕對有助於和客戶建立起長遠的關係。

但需要注意的一點是，千萬不能將與客戶博感情當作為一個制式、毫無變化的銷售公式。

因為不同的客戶有不同的興趣，如果銷售人員想打動客戶的心，必須在談話的過程中找到客戶的興趣所在，迎合對方的胃口。一旦發現客戶對某一話題特別感興趣時，雖然自己對這個話題不在行，也不要試圖去轉變，事實上，每個人都喜歡也熱中去談自己覺得最自在的話題。所以如果銷售人員僅從自己的喜好出發，就很容易造成隔閡甚至排斥的情況發生。

要想辦法把與客戶的交往變得親切、自然，並努力和客戶成為朋友。**對於銷售人員來說，生意的最高境界就是讓客戶信賴你、非你不可**，銷售人員要努力讓自己成為客戶訴說意見、心事和困擾的朋友，而並非一個總是接受客戶抱怨，另有所圖的答錄機。

除了做生意更要建立友情

有一名銷售人員到一家公司去做推銷，這家公司他來過多次，和經理的關係也很不錯。當他走進經理辦公室時，經理顯得特別高興，熱情地招呼這位銷售人員坐下，又遞上一杯熱茶，然後高興地說：「我告訴你，我兒子考上國立大學了！」但是，這位銷售人員好像沒有聽見一樣，只點了一下頭，接著就問：「您看這種產品要訂多少？」經理愣了一下，臉色很難看，沒有說話。這位銷售人員又問：「您看這種產品……」經理沒等他說完，揮了揮手，不耐煩地說：「不要！」銷售人員又問：「那以後呢？」經理乾脆說：「以後你別來了！」

這個銷售人員犯的錯誤顯而易見。許多銷售人員，他們心裏想的，眼裏看的，只有商品和金錢，尤其是面對那些一次往來交易的客戶時，他們急切的心情更是溢於言表，這會讓人感覺很不舒服。

有一些銷售人員自以為遮掩得很好，客戶看不出來。殊不知，大部分的客戶都要比銷售人員的人生經歷豐富，對任何表現出來的虛偽一眼就能識破，即使一次僥倖矇混過關，但有沒有下一次，真的很難說。

客戶需要的，不僅是冰冷的產品，還有溫暖的友情與尊重，產品是許多人都能提供的，而友情卻不是如此。

想一想，花同樣的錢，從這個銷售人員那裡，只能買到單純的產品，而從另外一位銷售人員那裡，卻還能換來友情，你覺得客戶會做什麼樣的選擇呢？

與客戶博感情的三大原則

◎以客為尊。

要以客為尊，首先要做好細緻充分的客戶背景瞭解，要研究客戶，瞭解客戶。先要建立完整的客戶資料，個人的興趣、愛好、重要的紀念日等。這些當然不是用來做巴結討好，而是用來交朋友用的。摸清客戶的狀況，才能在跟客戶的交往中，掌握到關鍵點，讓客戶感受到你的關心。汽車銷售大王喬·吉拉德說：「客戶是我的衣食父母，我每年要寄出數以萬計的感謝卡，表示我的感謝。」在銷售完成之後，喬·吉拉德立即將客戶及其所買的車款有關的一切資料，全部都記在客戶資料卡中。第二天，他馬上對買過車子的客戶寄出一張文情並茂的感謝卡，這樣的作法是將彼此的關係朝向「朋友」更推進一步。

◎站在客戶的立場上著想。

銷售成績不好的業務員都只考慮到自己的利益、自己的好處，表情總是冷若冰霜，待客戶據「利」力爭；銷售成績優秀者則是用最大的熱情接待客戶，讓對方有溫馨的感覺，並且處處考慮對方的利益；而且要態度友好和善，對待客戶以情相勸；銷售人員唯有站在客戶的立場上去考慮：「如何做，才能使顧客滿意、高興？」、「商品能滿足客戶的哪些需求，幫客戶解決哪些問題？」之後，才能跟客戶有更深入的溝通。

◎先做朋友，後賣產品。

與客戶的交往不是死板的公事公辦，應該盡可能地放進最多的人情味，與客戶成為朋友不是用金錢來作為手段，而是靠人情來促成的，因為人是講感情的。一張誠摯的賀卡、一句適時的祝福就能讓人激動不已。所以，人情味重在心誠。與客戶真正成了朋友，何愁生意做不成？

與客戶博感情的技巧

在與客戶的交往中，博感情的溝通技巧十分重要。

◎溝通要有耐心。

和客戶博感情就必須有耐心，不能只將目標放在「成交」上。耐心是彼此交往的重要因素，急於求成的銷售人員往往認為自己的時間寶貴，卻沒有想到只要不能打動客戶的心，所有的時間都是浪費，更別想會有任何銷售成績的。

◎對客戶懷著感恩的心，引發感情共鳴。

在這個世界上有六、七十億人口，只有微乎其微的一小部分人成為銷售的對象，這是不是緣分呢？是不是應該珍惜？沒有人必須和你做生意，而你永遠也不是唯一的賣主，但他們還是選擇了你，所以，要存著對客戶一份感激之情。如果人人都對別人有著一份感恩的心，都盡力與別人產生感情共鳴，而不是冷漠地對待別人，銷售失敗的比例就會減少。

◎情緒不好時不要與人交談。

每個人都有情緒不好的時候，這是不可避免的。如果銷售人員與客戶交往時發起火來，後果就不堪設想了。生氣往往會使人失去理智而講出不該講的話。生氣時所說的話，往往造成不可彌補的後果。更糟的是，生氣還會使人失去傾聽別人的能力。

所以，與人交往時，切莫生氣。如果溝通過程中感到自己要生氣了，可以暫時離開，等冷靜下來再繼續談。如果不能忍耐，就需要禮貌地結束交談，等自己理智下來之後時再談。

◎避免與客戶爭論。

與客戶爭論的後果會使對方感到受到冒犯，嚴重的話，馬上就關閉溝通的大門。

如果必須提出不同的觀點，糾正別人的不當之處，要盡可能把話說得委婉一些，盡量做到對事不對人。例如可以這樣說：「我們知道你是個成功的經理人，總是想把工作做好。我們公司對你昨天所提的意見評價很高。正因為這樣，我想提供你昨天發生的一件事情……」如像這樣從積極的角度處理問題，通常會得到積極正面的效果。

04 面對面銷售，機會無限

對於銷售人員來說，與客戶面對面的交流是重要而且是必要的過程。要想獲得訂單，銷售人員首先必須爭取到與客戶面談的機會。面對面是銷售的精髓，只有把握住這一精髓，銷售才能取得好的結果。

首先，面對面的方式可以加深消費者對產品的瞭解。

現實中，消費者對公司所提供的產品，很難能深入的瞭解和認識。而消費者的購買行為決定於是否對產品瞭解和認識的。所以，只有面對面的交流，藉由銷售人員的介紹和展示，加深消費者對產品的認知，商品才能銷售出去。

其次，理性的消費是基於對品牌的信賴，不是對誇張廣告的認同或者對名人的模仿，而是出於對自己客觀條件的瞭解和對自己主觀願望的實現。

舉例來說，很多人在選購化妝品時往往不是很理性，一般人比較迷信名牌與品牌知名度，由於不同的膚質對於化妝品的需求是不同的，這就使得很多人發現自己選購的名牌化妝品，並未像產品說明上所說的那樣神奇，因而懷疑產品的功效。銷售人員要想避免這種情況發生，就必須經由面對面的方式與客戶解說產品。因為只有面對面的交流，銷售人員才能清楚全面地瞭解客戶的相關資訊，也才能為客戶推薦真正適合的產品。

一位銷售人員在向客戶推薦兒童保健品時，不但瞭解了小孩的年齡、身體狀況，還詢問了小孩的病歷以及體檢狀況，然後才幫客戶挑選了三種產品搭配使用，並詳細介紹了產品的各種功效。如果僅憑電話或網路溝通，是很難深入到如此詳細的資訊的，資訊瞭解的不清楚，推薦就很難準確、合用。

第三，銷售人員只有經由面對面的交流，才可以讓自己的專業和信心感染給客戶，進一步完成銷售任務。

多數情況下，銷售人員很難只靠公司的知名度、產品的知名度以及名人效應來進行產品推銷。銷售人員必須憑藉自己的個人魅力，贏得客戶的認同和信賴。而要使自己的個人魅力發揮到最大限度，就必須經由面對面溝通的方式。因為面對面溝通是一種多元的交流方式，銷售人員可以用自己的聲音說服客戶，可以用自己的專業形象贏得客戶，也可以用自己的眼神和表情獲得客戶的信任，這是電話推銷或網路行銷所無法取代的。

第四，銷售事業的基礎在於分享，只有經由面對面的交流，銷售人員才能更直接的與客戶分享好的產品。

藉由電話或網路，銷售人員只能把產品的功效說出或寫出來，嚴格上來說，這還不算是分享，因為客戶並沒有親身體驗產品所帶來的美好感覺。而面對面的銷售，銷售人員可以藉由產品展示和試用，讓客戶能真正感受到產品的品質和功效，這樣實際的接觸分享，才會有其效果。

最後，面對面是最能夠獲取消費者認同和信賴的一種銷售方式。

眼見為憑，百聞不如一見，人們比較相信自己親眼所見的人和事物。同樣一個產品，一樣的內容做產品介紹，如果是透過電話或者網路獲知的，往往讓人心存懷疑；但如果是一位銷售人員坐在自己面前，用理智、專業的言語表達出來，人們就比較能接受並且認同。

所以，要想獲得客戶的認同和信賴，面對面的溝通絕對是效果卓著的。

用電話預約來促成見面的目的

很多銷售人員在預約客戶時，經常犯這樣一個錯誤，他們在電話中談了很多內容，唯獨沒有與客戶約定面談的時間。有些銷售人員認為他們在電話中可以向客戶清楚的介紹產品，但事實上電話並不是一個與客戶溝通交流的最好的工具。

因為，電話在銷售過程中所扮演的角色非常單純，它只是一種訊息傳達的媒介。銷售人員可以用它來預約客戶，但卻很難能用其進行銷售。

但在與客戶面談之前，銷售人員必須先用電話來預約才算正式，沒有預約就沒有面談。銷售人員必須掌握預約的技巧，才能創造與客戶面談的機會。

一個成功的預約應該是這樣的：

銷售員：「約翰先生，您好。我是××公司的銷售人員蕭恩。我聽說您太太不舒服的事了，她的手部皮膚過敏好一些了嗎？」

客戶：「沒有多大的改變，你知道，這種病是很難痊癒的。」

銷售員：「那她的正常生活是不是也受到影響了呢？」

客戶：「是的。她不能使用清潔液洗手，洗碗的工作也不得不由我來做，因為她的手一碰到洗潔精就疼痛難當。」

銷售員：「真是糟糕。不過不要著急，我這裡有一些不會對您夫人的手造成傷害的清洗用品。您認為什麼時間面談比較方便呢？是這個星期三上午十點二十分還是星期四？」

客戶：「你星期四下午三點到我家來吧。」

銷售員：「那好，約翰先生，請記住您星期四下午三點，要跟××公司的銷售人員蕭恩碰面。沒問題吧？」

客戶：「沒問題。」

銷售員：「好，我們星期四見。」

從這個成功的預約中，要記住以下三點：

一、在邀約見面時，不要問能不能和他見面，什麼時候能和他見面；而要問什麼時候見面最合適，這樣客戶就很難拒絕見面要求。

二、這位銷售人員提供了一個十分精確的時間和一個比較籠統的時間。十點二十分比

「十點半」或「十點一刻」都要精確，這暗示著這位銷售人員平時的處事方式是比較精準而恰當的。

三、當客戶接受了銷售人員所提供的某個時間之後，銷售人員需要再次確認這個時間，並且再一次說出自己的名字，以便客戶能更好地記住他。

當然，在預約時可能會被客戶拒絕，這個時候，你必須想辦法打破客戶的拒絕，取得與其見面的機會。

當然除此之外，客戶還會有很多藉口，但不管哪一種藉口，只要妥善應對，都可以被打破。

拒絕一：「非常遺憾，我沒有時間！」

這種情況下，要請客戶挪出面談所需的時間，並重申面談將對客戶是有益的。

拒絕二：「有意思！把你們的產品資料給我寄過來吧！」

一位銷售人員是這樣回答的：「當然，我會把產品資料帶給您的。而且，我還會給您留下一些其他的資料，以便您進一步瞭解我們的產品。您覺得我們什麼時候見面最合適！」他有意地「誤解」了客戶的話，並且利用客戶「索取產品資料」的機會，再一次提出見面的時間。

但是，客戶也可能會表現得十分固執，並且說：「不，不！我想先看看你們的產品……」。

這時你可以這樣回答：「那我今天就給您寄過去，我會在對您比較重要的頁數上標註記號。然後我們下個禮拜可以一起討論您遇到的問題！您什麼時候有時間……」。

拒絕三：「哎呀，說這麼多幹嘛？你不就是想讓我買你的產品嗎？」

當客戶說穿了你的目的時，千萬不要否認。一個否認希望客戶購買自己產品的銷售人員，無疑會讓人覺得不可信。此時你完全可以坦率地回答：「那是當然了，××先生！我當然想讓您買我們的產品。不過，前提是，我們的建議能夠為您帶來效益和好處！而買不買只有您才有決定權！您看我們什麼時候見面比較合適……」承認自己要推銷產品，但同時也強調，這種推銷只是在產品能夠給客戶帶來好處的前提下才進行的！

拒絕四：「我們只在禮拜一接待訪客，上午九點到十二點！你到時候到接待處吧！」

當客戶這麼回答時，千萬不要高興，這只是他的藉口而已。他不會在有限的時間裏接待所有的人，而且即使有幸跟他見面，也不得不付出時間代價來等候接見。這時你還要繼續爭取：「××先生，這個我知道！不過，我想可能您星期一的行程已經排滿了吧！我相信，您不會拒絕在星期二或星期三把我所推薦的優秀產品好處帶給您的！您覺得我們什麼時候見面……」

一個成功的預約必須能敲定準確的面談時間和地點，如果沒有做到這一點，在以後的預約中，一定要朝著這方面努力，這對於銷售是很有助益的。

戰勝恐懼，自然表達

很多時候，銷售人員並不是不知道面對面溝通的重要性，而是他們害怕與客戶面對面交談，而主動放棄了與客戶見面的機會。他們認為，與客戶見面是一件很難辦到的事。與客戶面談，就意味著我不得不在他們的注視下講解產品的優點，他們會緊盯著我的眼睛，我在操作中所犯的任何一個錯誤都很難逃過他們的眼睛。他們會用懷疑的口吻和我說話，我不得不回答他們所提出的，可能使我感到難堪的問題。最令人難以接受的是，他們還有可能拒絕我，他們會不客氣地說：「我並不需要你推薦的產品，我也沒時間理你。」這是多麼難為情啊！顯然，相對於當面的拒絕來說，在電話中沈默甚至掛斷電話都是容易接受的。

如果認為與其忍受客戶的當面拒絕不如不見面，那就永遠也別想有成功的機會。銷售的目的不是忍受拒絕，而是說服客戶使其接受所要推銷的產品。所以必須強化自我的心理建設—面談可能帶來的尷尬和難堪，是說服客戶所必須經過的過程。

銷售人員要主動爭取與客戶面談的機會，不要懼怕與客戶面對面交流。只有戰勝恐懼，才能有效促進銷售。戰勝恐懼的過程，實際上就是建立自信的過程。

面談時要展現專業性

如果成功地爭取到了與客戶面談的機會，那麼已經成功了一半。接下來在面談時保持最好的情緒狀態，用專業、雙贏的溝通，贏得客戶信賴並達成交易。

在面談時展現專業，並不是一個簡單的事，而是要在面談之前先做好充分的準備。具體來說，要先問自己以下三個問題：

◎我怎樣才能給對方留下好印象呢？

必須在與客戶面談之後給客戶留下一個清晰、與眾不同的印象，這樣當下次與客戶聯絡時，他才可能記得，知道再次聯絡的目的為何。所以，在與客戶面談之前，要在如何使自己與眾不同方面多花一些心思。

◎我準備好了嗎？

在面談之前，再次地熟悉客戶的資料，分析客戶的需求，並且檢查自己是否帶齊了產品展示時，所需的樣品以及相關的資料和輔助設備，這樣，在與客戶面談時，才能順利地完成產品展示。

◎我希望面談的結果是……

在面談之前，需要為即將進行的面談確定一個階段的目標。在定位面談目標時，要明確具體，諸如：「讓客戶購買產品」這樣的目標是沒有用的，因為太籠統了。可以根據客戶的不同情況，定位切實的目標。比如，在與一位客戶進行第一次面談時，可以定位為：「和對方建立關係，相互熟悉，初步介紹產品」的目標；當與一位客戶多次接觸，彼此已經熟悉，客戶已經對產品產生購買慾望時，就可以定位為：「提出成交要求，努力促成交易」的面談目標。

在面談的過程中，銷售人員必須為客戶營造一種輕鬆和諧的氣氛，促進雙方的交流和瞭解。下面是一些必須遵循的原則：

※不要奉承，否則會給客戶留下虛偽、不夠真誠的印象。

※不要對客戶的穿著做出負面的評價。

※不要花太多時間談論自己。如果客戶注意到自己黝黑的皮膚，詢問是否剛剛渡假歸來，而且確實自己也是剛剛結束愉快的旅行，則只需要說去了哪裡，沒有必要談論太多個人的感受，否則會有炫耀之嫌，而且也會妨礙客戶發表意見。

※如果所談論的話題是客戶不喜歡的，則應該趕緊改變話題。

※避免談論任何有強烈信念的話題，除非確定客戶也有相同的立場。

※政治人物也應該被列為謹慎談論的對象，除非確定客戶喜歡和厭惡的人物。

※實話實說。如果你需要十分鐘來完成介紹，那麼在一開始時就必須明確的指示出

來。不能說只需要十分鐘，但當十分鐘過去後還在喋喋不休。

如果想避免客戶因為時間太長而被拒絕，可以事先提出一個綱要，並且盡可能在自己向客戶承諾的時間內完成，如果客戶對介紹感興趣，就可以要求對方再多給一些時間來詳細介紹。

真正的銷售應該從面談開始，面對面地與客戶溝通交流，才能有效地促進銷售，才能獲得好的銷售結果。

05 永遠保持積極的思維心態

什麼樣的人適合做銷售？

答案是：擁有積極思維心態的人。

銷售贏家與銷售輸家最大的不同就在於，前者經常保持積極的思維心態，相信自己的能力，對公司和產品有強烈的信心，勇於接受挑戰，坦然面對挫折和失敗；而後者則思維心態消極、謹小慎微、裹足不前。

八〇%的成功銷售來自積極的思維心態

日本銷售之神原一平說：「**銷售是一項報酬率非常高的艱難工作，也是一項報酬率最**

低的輕鬆工作。所有的決定均取決於自己，一切操之於我，我可以選擇成為一名高收入的辛勤工作者，也可以成為一名收入最低的輕鬆工作者。」銷售業績的好與壞完全由自己決定，一個人可以成為一名王牌銷售人員，也能成為平庸者，關鍵在於思維的心態。

很多銷售人員當遭遇到挫敗就忙著參加銷售技能訓練，實際上真正導致他們失敗的並不是銷售技能，甚至不是人際關係，而是他們的思維心態。一個銷售人員所面對的績效不佳問題幾乎都與思維的心態有關，即使銷售技巧得以提高，也是治標不治本。要想創造傲人的業績，最重要的是建立起積極向上的進取心態。

什麼是好的思維心態呢？好的思維心態就是熱情，就是戰鬥精神，就是勤奮工作，就是忍耐，就是執著的追求，就是積極的思考，就是勇氣。只有具備了這些，才能夠由平凡到卓越，由怯懦到勇敢，由脆弱到堅韌。

任何的困難在健康的心態面前都變得不值一提。狼群也許算得上是自然界中效率最高的狩獵動物，然而牠們仍然有九〇%的失敗率。

換句話說，狼群在十次狩獵中只有一次是成功的。但狼群對此的反應從不是無精打采、放棄努力或者自認敗北。一次未果的狩獵只能磨練牠們的技藝，並使牠們再次充滿希望。犯下的錯誤並不被視為失敗，而是成為狼的集體知識的一部分。就像在電腦中輸入資料一樣——這些知識將儲存下來以備將來之用。九次的不成功狩獵從不會摧毀牠們的信心，牠們仍然積極主動地嘗試著第十次、第十一次、第十二次，牠們相信獵物總會屬於牠們的。

很多銷售人員將一次「不成功的狩獵」視為失敗的象徵。在遭遇了一次拒絕之後就再也不敢敲開另一扇門，甚至想到了放棄這一職業。這樣的人永遠不會在此行業獲得任何的成就。不管做任何事情，失敗都是不可避免的，所以逃避是沒有任何意義，只有像狼群一樣調整自己良好的心態，把失敗當成下一次嘗試的開始，才能真正地做出一番成績來。

銷售是一項充滿了挑戰的工作，不能夠適時地調整思維心態的人永遠都無法勝任。「想法」是寶貴的，同時也是不難獲得的。只要經常提醒自己要向前看、向上看、向好的方面看，消極思維的心態就會在「一閃念」間變成好的、向上的、積極的。

銷售是一種每天與不成功打交道的工作。每個人都有一個成功比率，或者是一〇：一，或者是五〇：一。比率的大小並不是問題，問題的關鍵在於站在下一個客戶面前時，所想的是剛剛遭遇的失敗，還是即將取得的勝利。選擇前者的人注定了平庸的命運，想擁有優秀成績的人無不抱持著積極的思維心態，坦然地面對新的壓力和新的挑戰。

八〇%的成功銷售來自於積極思維的心態。只有在挫折面前不低頭，在失敗面前不氣餒，始終保持積極樂觀思維心態的人，才能取得優秀的銷售業績，也才能建立與眾不同的銷售生涯。

要改變外在前先反求諸己

對成功真正產生決定作用的是一個人的內在因素，也就是他的思維模式、信念、態度、自我期望等。**一個人要想成功，就必須保持正確的思維模式、堅定的信念、積極的心態、高度的自我期望和良好的行為習慣。**

一名銷售顧問發現，大部分銷售人員的業績並沒有在學完技巧後得到持續的增長。經過追蹤研究，他找到了問題的癥結所在：銷售人員創造的業績八〇%來自於其對待銷售的「心理狀態」，而非技巧本身。於是，他將自己訓練的重點集中在「銷售心態」上。技巧固然是重要的，但沒有正確的思維心態做憑藉，再高明的技巧也都是空談。所以改變外在之前應先改變內在，只有調整好正確的思維心態，才能獲得成功。

從前，有兩個秀才去趕考，在趕考的路上遇到了出殯的隊伍。一個秀才心裏一驚，心想：壞了，真是倒楣，考試路上碰到棺材，考試肯定不會順利。後來他一路在想棺材的事，上了考場也無法集中精神，結果文思枯竭，名落孫山。另一個秀才卻想：棺材，棺材，這不是升「官」發「財」嗎！於是他越想越高興，覺得今天運氣真好。後來他果然在考場上春風得意，金榜題名。

從京城回到村裏，他們二人都對村裏的人說：「這棺材真靈！」真的是「棺材」靈嗎？當然不是！是他們對待同一件事的心理狀態不同。

不同的思維心態，產生的人生體驗和結果是截然不同的。因為心態影響人們看待事物的思維和角度，影響人們的認知方法。正如哲學家叔本華所言：「**事物的本身並不影響人，人們只受對事物看法的影響。**」

思維決定成敗。一個銷售人員要想取得成功，首先就要改變自己的內在—思維，繼而才能改變自己的外在—行為。

很多銷售人員做了很多年的銷售工作但還是碌碌無為、平平庸庸，一個月僅僅能賺點餬口的錢。為什麼會這樣呢？根本原因就在於他們的思維心態是消極的。

所以，方法與技巧只對一種人有用，那就是擁有積極思維心態的人。

美國經濟學家威廉・詹姆士曾經說過：「我們這一代最大的發現，就是每個人都可以憑藉著調整思維來改變外在的生活環境。」

那些銷售高手無不是因為思維比平凡人更積極、更向上而走向成功的。一個銷售人員要想成功，首先必須學會改變自己的消極心態，不斷地反省自己：「你有沒有把自己變得更積極、更快樂？對你的工作更熱忱，不斷地把你的心態管理得更好？」

調整好自己的心理狀態，改變自我。只有內在的東西改變了，外在的改變才會產生作用，成功才會隨之而來。

警惕：拖垮業績的七大不良思維心態

一、害怕拒絕，為自己尋找退縮的理由。

銷售生涯和銷售職業的頭號殺手是什麼？不是價格，也不是經濟蕭條，甚至不是同行競爭，而是銷售人員拜訪客戶時的膽怯心理。

害怕客戶的拒絕而不去嘗試，那就永遠不可能成功。成功的銷售人員在被客戶拒絕以後，會立刻說：「客戶就是因為不瞭解，所以才會拒絕，我下次應該更詳細地說明我的產品和服務。」就這麼一個簡單積極的心態，立刻就能轉化他的心情。不管做什麼事情，要想有所收穫，就必須勇敢，敢於承擔風險，敢於面對失敗。要做到這一點並不困難，只要不為自己尋找藉口，從自己假想的美好世界中走出來，就能認清現實並採取行動。很多銷售人員總為自己的怯懦尋找理由，而正是這些藉口讓他們喪失了面對現實的勇氣。

「我今天很忙，你請別人打電話去約那個客戶吧。」

「今天下雨，正好又是星期一，那個客戶肯定開會很忙。」

「那個客戶很冷淡，沒有必要再找他了。」

「他不會答應和我見面的。這個客戶眼光太高，不會看上我的產品，就算了吧。」

這樣的藉口不勝枚舉，它們個個看上去都合情合理，但細想卻又愚蠢透頂。如果因為害怕客戶的拒絕，而為自己找藉口、找理由開脫的話，那就永遠都無法面對現實，而且無法大膽向前邁出一步。如果不敢跟客戶去接觸，不敢面對客戶的拒絕，又怎麼能成功地把產品銷售出去，又哪來的銷售業績呢？

能否坦然地面對拒絕並鼓起勇氣去嘗試，使推銷成功，是檢驗銷售人員能力的試金石。一個真正合格的銷售人員會及時調整好自己的心態，勇敢地面對拒絕，創造出驚人的銷售業績。

二、在客戶面前低三下四，過於謙卑。

銷售人員在客戶面前低三下四，過於謙卑是非常普遍的現象。他們常常這樣想：如果我不對客戶非常尊敬，如果我不是每次都順著客戶的話來講，客戶就不會下訂單，買我的產品。

這樣做就把銷售工作誤解了。銷售不是要把產品或服務硬塞給別人，而是幫助客戶解決問題的。你是專家，是顧問，與客戶站在同一位置，甚至比他們的位置還要高。因為你更懂得如何來幫助他，所以沒必要在客戶面前低三下四。

只有先看重自己，客戶才會真心信賴。

追根究底，**卑微的想法來自於對自我價值的忽視，只有改變它，將自卑變為奮發向上的動力，才能走向成功和卓越。**

三、滿足於已有的銷售業績，不思進取。

從事銷售工作時間久了，或獲得了一定的銷售業績以後，一些銷售人員就自滿起來。這種自滿心理是阻礙銷售業績繼續攀升的最大絆腳石。如果不徹底摒棄這種心態，就永遠不能成為頂尖的銷售人員。

平凡人之所以一事無成，就是因為太容易滿足了。自我滿足、得過且過的心態阻礙了進取之心。一個銷售人員不滿足自己已有的業績，積極向高峰攀登，就能使自己的潛能得到充分的發揮。

不管是經營企業，還是推銷產品，要想取得好的成績就必須不為以往的成績束縛，而是不斷向更高的目標來挑戰。那些傑出人物，那些頂尖的銷售人員，無一不是這種有強烈進取心的人。

覺得自己已經取得了相當好的成績，已經高高在上時，請記得時時告誡自己：果園裏還有更多更大的果實等著去採摘。

四、看輕別人的工作。

美國學者曾經說過，美國的工業是靠銷售人員推展出來的。銷售是所有企業的命脈，是直接面對客戶、直接為企業創造業績利潤的工作。因此有些銷售人員會莫名地有了看輕別人工作的不正確心態。以為只有自己在為企業賺錢，以為只有自己的工作才有價值。

其實，這種心態是最要不得的。有這種心態的銷售人員，一般都缺乏合作精神，沒有團隊意識，容易驕傲自滿，銷售業績也就無法提升。

一個人再能幹，其能力也是有限的，這就需要運用團隊和組織來強化、延伸自己的能力，然而很多銷售人員都沒有意識到這一點。

真正成功的銷售人員往往是那些「大智若愚」、「虛懷若谷」的人。他們常常鴨子划水，悄然無聲地完成了在常人看來難以想像的銷售業績。

這樣的銷售人員不會看輕別人的工作，更不會指責同事（或主管）工作能力不強，或者說別人的工作不辛苦。他們會看到別人也在努力工作，認可他們，並且讚賞他們的辛勤價值。

於此同時，他們也不會處處誇耀自己有多麼了不起，而是抱持著非常謙虛的心態待人處事。他們通常這樣解釋自己獲得的成績：自己外出，正好碰到一個朋友，交談之中偶爾提到工作內容，最終透過朋友的介紹做成了一宗買賣；或者是，自己的這個市場新增加了幾個廠商，主管決定加強這塊市場的投入力度，所以自己撿了個便宜等等。

正因為有了這種良善的心態，他們會看到別人的長處，也能從中吸取經驗和得到教訓，並且得到有益的啟發，進而不斷的提高自身的素質。也由於他們的這種心態，維繫了整個營銷團隊的穩定和團結，強化了團隊成員之間的凝聚力，為公司在市場占有率上做出不小的貢獻。

五、經常抱怨不景氣，從不反省自己。

有些銷售人員業績不好時，總是怨天尤人，抱怨環境不景氣，抱怨客戶不好應付，抱怨市場競爭激烈。他們不曾從本身找尋原因，總把失敗歸於外部環境，更談不上下苦功來努力改進。

對一個銷售人員來說，生意是否景氣，不在於外部環境，而在於有沒有積極的思維心態。

一個從未受過正規生意訓練的人，為了養家餬口，在街角擺了個攤位，賣起「熱狗」。他的努力讓自己的生意蒸蒸日上，後來他居然租得起店面，掛起了「熱狗」的招牌，並做廣告來促進「熱狗」的銷售。當然他所獲得的金錢，不但能使全家過得不錯的生活，而且還有能力供大兒子上完大學。

大兒子畢業後回來，取得了企管學位。他看了看父親的生意，告訴父親現在是經濟蕭條時期，應該改變做生意的方法，重新規劃，減少開支。父親雖未感到現在的顧客比以往少，但還是聽從兒子的建議，因此也就不再做廣告了。此後，他又摘下了寫有「熱狗」的招牌，縮小了「熱狗」的尺寸，最後甚至也不叫賣了。一天，父親很沮喪地回到家裏，兒子又問他：「父親，發生什麼事了？」父親答道：「你是對的，兒子。這該死的經濟確實很蕭條，我的生意受到了很大的打擊，幾天前還好好的，可是現在竟然一個顧客也沒有了。」

發生在這位「熱狗」攤販身上的事也會發生在很多銷售人員身上。他們抱怨生意不景氣，認為不好的結果會發生，有了這種消極的心態之後，就不會為事情朝好的方向發展而積極努力。積極的想法會產生行動的勇氣，而消極的想法只會成為面對挑戰的障礙。

業績不好的員工千萬不要抱怨市場不景氣，反而要以積極的心態，帶著熱情和信心去做，並且全力以赴，才能提升銷售業績。

六、害怕同行的競爭。

不論哪個行業，競爭無所不在。從事銷售工作的人，不可避免地會陷入同行競爭當中。如果銷售人員害怕同行的競爭，害怕同行搶奪自己的客戶，那就永遠都別想取得理想的銷售業績。

因為，這種懼怕心態，會影響進取心，使人失去鬥志，最後影響個人銷售業績。

在這種競爭的環境中，銷售人員就要用必勝的競爭心理來武裝自己，以積極的心態去面對同行的競爭。如何激發自己必勝的競爭心理呢？以下是一些可行之道。

※知己知彼。

光有奮鬥的精神還不夠，還需要瞭解競爭對手，瞭解彼此的長處和短處，以謀因應的對策。假如客戶問：「你的產品為什麼比別家更好？」最好給他一個機智而誠實的回答。銷售人員必須知道自己的產品，有哪些優點，是競爭對手的產品所無法相比的。反過來，你還應該知道競爭對手的產品，有哪些優點是自己的產品所缺乏的。這樣才能在服務客戶時化危機為轉機，因為瞭解對手，而打敗對手。

※設定目標，全力以赴。

把每天的行事表當做一份作戰計畫，然後全力以赴去達成自己設定的目標。以目標來維繫自己高昂的工作熱情，在心理上打敗對手。

※在競爭中不斷提高服務品質。

推銷服務是商品經濟發展的客觀要求，也是競爭取勝的重要手段。事實上，與對手的競爭，就是服務的競爭。在競爭中，提高服務品質是取勝的最可靠策略。優質服務有利於促進與客戶的關係，有利於贏得客戶，更有利於客戶資源的擴大和銷售業績的提升。

總之，坦然地面對同行的競爭，建立必勝的競爭心理，在心理上戰勝對方，自然就能達到戰勝對手的目標。

七、把工作無限期地拖延下去。

在現實生活中，我們不難發現，許多人都有一種拖延的習慣，無限期地延長工作完成的時間。本來可以今天能做好的事，偏偏要拖到明天、後天，結果不但失去了機會，還把事情拖得一團糟。許多銷售人員整天忙忙碌碌，但業績不理想，就是因為沒有擺脫愛拖延的惡習。

行動是最有說服力的，千百句雄辯勝不過真實的行動。銷售人員需要用行動去關心客戶，用行動去完成自己的宏偉目標。如果一切計畫、一切目標、一切願景都停留在紙上，一再拖延，不去付諸行動，那計畫就不能執行，目標就不能實現，願景就成了泡沫。

拿破崙．希爾認為，要成為一個成功者，必須積極地努力奮鬥。成功者從來不拖延，也不會等到「有朝一日」再去行動，他們總是「今天就動手去做」。

每一位銷售人員都必須記住這句話：「今天能做好的事情，就不要拖到明天。」只有遇事不拖延，立即行動，馬上就去做的人，才能贏得卓越的銷售業績，最後才能走向成功。

06 用美好的願望激勵自己

成功來自於美好的願望，有怎麼樣的願望便有怎麼樣的成功。

貝爾之所以能夠發明電話並不是碰到了好運氣，而是他心中早就有這樣一個美好的願望——發明一種工具，能使人們在相互聯繫中更為方便。

當時的貝爾在一所學校當教員，他發現：在人們的交往中，書信的溝通有其一定的時間限制，可不可以發明一種工具，讓人們在交往中更為方便更為直接呢？

帶著這種美好的願望，貝爾投入到了實驗工作中，最終發明了電話。

願望可以激勵一個人去努力行動。作為一個銷售人員，要為自己設計一個願望，比如在年底要銷售多少產品，達到什麼樣的銷售業績。帶著這樣的願望去行動，自然能達到自己所追求的目標。

當初小陳是一家大公司裏表現最差的銷售人員，一直沒有什麼銷售業績，似乎解雇他已成了定局。但就在這個時候，小陳忽然開始積極地工作，這使得大家非常的驚訝。他的營業額逐漸的在增加中，一年後已經在公司一千多名銷售人員中，從排名最後躋身到了前幾名；兩年後，小陳已經成為公司國內銷售成績最佳的銷售人員。公司每個人都將此視為奇蹟。

在公司銷售人員集會的年度大會中，小陳被請到台上—成為該年度最優秀的銷售人員，獲得董事長的表揚。

董事長在致詞中說：「我從來沒有這樣高興地表揚過人。小陳，你真是一個優秀的銷售人員。你實在使我們有如墜入五里霧中。你的營業額快速成長，這種改變實在很了不起，你簡直變成了另外一個人了。你能不能向在座的各位談談你的秘訣呢？」

小陳說：「我曾因為自己是個失敗者而垂頭喪氣。有一天，我的妻子問我：『你就永遠要這樣下去嗎？你是可以改變自己的』！當時我說：『妳說什麼？我這樣的人也可以改變？』妻子很有自信地對我說：『是的，只要你心中有一個願望，一切就會改變。』從那一刻起，我才明白妻子希望我成為一個什麼樣的人。從那一刻起，我就立志要改變自己，成為一個最優秀的銷售人員。當天晚上，我就再去洗了一個澡，把頭腦中過去的消極思維完全洗掉，第二天，我穿著整齊，變成一個嶄新的小陳出去銷售了。後來，我的營業額開始慢慢增長，一切變得越來越順利。董事長，這就是我改變的經過。」

一千多名同事在剎那的沈默之後，忽然一起站起來激動地為小陳鼓掌喝采。

帶著美好的願望出發，變成一個嶄新的人，去創造令人幾乎不敢相信的傲人的業績；就這麼簡單。

成功不僅僅在於有了願望，有了願望但不能把它變成事實的人，只是一個空想家。有了願望，還要用實際行動去實現它。愛默生說：「去吧，把你的願望化為實際行動！」這句話應該成為每個想成功的人的座右銘。美國汽車大王亨利・福特說得更簡單：「不管你有沒有信心，帶著自己的願望去做，總會有成功的一天。」

有人問美國著名教育家、《心想事成法則》的作者墨菲：「我已經如你說的一樣，每天想著良好的願望和美麗的事情，但是依然沒有出現好的結果，這是為什麼呢？」

墨菲告訴他們：「是因為你們沒有把行動的力量發揮出來。帶著美好的願望出發，去努力行動，才能最終實現自己的願望。」

一個成功的銷售人員，一定是勇於行動，帶著美好的願望走上銷售之路的。每天早晨，從離開家開始一天的工作時候，問問你自己：「我是不是帶著美好的願望出發的？」

相信自己銷售的產品和提供的服務是最好的

銷售人員在銷售過程中，對公司和產品要深具信心。只要相信自己的產品能提供滿足客戶的需求，相信自己的產品貨真價實時，你的信心就會產生，就不會擔心客戶的拒絕。

很多銷售人員對自己所銷售的產品和服務並不完全信任，他們只不過是把產品說明書上的介紹，一字不漏地背誦下來，他們在心裏告訴自己：只有傻子才會買這些產品。如果一個銷售人員對自己所推銷的產品都缺乏了信心，而且疑慮重重，那他又怎麼可能打動客戶而售出產品，並且爭取到更多的業績呢？

要想使自己對產品抱有肯定的心態，銷售人員不但要對產品有充分的瞭解，而且要完全掌握產品的知識、特有的功能效用、相對的特點、優勢和合理的使用方法，還要親自使用，體驗產品優良的品質和卓越的功效。

親自使用對於銷售人員來說，是不可缺少的一種體驗。銷售是一種經驗傳遞，它強調的是分享。只有自己親自體驗過產品，才能獲得心得而後分享使用經驗，也才能由衷地信任產品，並且客觀公正地向客戶介紹產品的功能和效果。只有親自使用，才能建立起對產品的信心，並在與同類型的產品競爭時有勝算。

客戶往往會觀察銷售人員對產品的態度來判斷產品是否可靠，如果連銷售人員自己都不相信所銷售的產品和服務，客戶又如何能夠相信它們呢？如果他們不相信，又怎麼會購買產品和服務？

一名成功的銷售人員看待他的產品，就有如「寶貝」一般。這種對於產品如同宗教般的狂熱，正是他們獲得訂單的關鍵所在。

相信的前提在於摒除自卑

在銷售業，「不相信」是阻礙銷售人員獲得卓越業績的最大絆腳石。很多銷售人員正是因為不相信自己所在的公司、自己所推銷的產品而平庸一生的。要想突破銷售瓶頸，首先必須摒除自卑的想法，對自己的公司和產品建立堅強的信心。只有相信自己所提供的產品是最好的，才能產生強烈的與人分享的熱情，也才能打動人心。

公司的信譽、實力要透過銷售人員來傳遞給客戶，銷售人員只有發自內心地熱愛、信賴公司，才能把這份信心傳遞給客戶，客戶也才會考慮接受公司的產品或服務。

銷售人員的自卑還可能來自於自己所推銷的產品。很多銷售人員無法發現自己的產品優於競爭產品之處，所以，面對客戶與此有關的詢問時往往會表現得手足無措。

銷售所傳遞的就是一種信任，如果銷售人員對推薦給客戶的產品表現得信心不足，那麼客戶是很難接受推薦的。此外，在沒有找到產品獨特的優點之前，也不要冒然拜訪客戶。只有對產品已經建立起了堅定的信心，能夠回答客戶任何與此有關的問題時，才能進行正式的拜訪。

有些時候，銷售人員不是對產品的品質存有疑慮，而是給他們帶來困擾的其實是產品的價格。

事實上，這種顧慮完全是多餘的，有些產品之所以價格高於同類型產品，是因為它的性能和品質比同類型產品高出很多。一輛國產的車子，幾十萬就可以買到，但一輛進口的豪華轎車，卻需要幾倍的價格才能擁有，其中的差異就在於價值不同。只要著眼於產品的價值，就會發現價格是合理的，甚至是便宜的。在說服客戶時，需要著重於產品的價值而非價格，就能很容易地獲得客戶的認同。

所以，當一件產品的價格很高時，銷售人員要做的是，搜集各種有關資料，用以證明產品的價格是合理的。自始至終都相信自己的產品是最好的、是物超所值的，才是把產品順利銷售出去的保證。

拜訪客戶前準備必要的資源

對於一些銷售新手來說，即使他們對與自己所推銷的產品深具信心，但在推銷過程中由於推銷技巧的生疏和產品介紹方式的不熟練，不能避免地還是會支支吾吾和發生冷場的情況。如果客戶不明真相，往往會將這些行為歸結為銷售人員對產品的不瞭解、不信任，於是不會簽下訂單。

所以，對於新手銷售人員來說，為提高公司和產品的可信度，在拜訪客戶前一定要準備所有相關的輔助用品。

◎選擇最能夠突出公司文化形象，體現公司經營宗旨的刊物。

公司刊物可以幫助客戶瞭解公司的信用形象、經營歷史，以及在市場競爭中所取得的成就。這些都有助於客戶對公司產生信賴感、增強忠誠度，有利於銷售人員的業務成長。

◎有關產品功效的專業資料。

銷售人員在進行產品推薦時，常常會接到客戶的不同意見。很多客戶會懷疑銷售人員所說的產品功效，即使銷售人員運用詳細的科學理論，進行論證也可能無濟於事。如果銷售人員能隨身攜帶著相關的權威報導和專業論述，給客戶看完瞭解之後，往往就能化解客戶的異議。

◎樣品。

透過樣品的試用，客戶可以親身體驗產品的優良品質和功效，這往往比光聽銷售人員的介紹更能加深印象，也更能獲取客戶的信任，進一步刺激購買需求。

見證說明。

銷售人員可以收集一些老客戶使用產品後的體驗和感受，建立資料，在說服新客戶時，這些資料就可以提供強而有力的輔助證明，增強說服力，解除客戶心中的疑慮。總之，當銷售人員尚未認可一款好的產品時，就匆匆忙忙向人推薦，是不可能氣定神閒的，因為對產品的瞭解不夠周詳必定會心虛，失敗也就在所難免。只有發自內心的欣賞、熱愛自己的產品，才能激發人們的信任和好感，因而獲得銷售的好成績。

07 運用自己的優勢進行銷售

銷售業一直是一個奇蹟產生的行業，那些銷售名人往往不費吹灰之力，就可以創造出別人無法達成的業績。而對於那些業績平平的人來說，似乎只有不斷參加銷售技能訓練，希望能破解明星們屢創神話之謎，祈求因此而獲得更好的銷售業績。

然而可惜的是，很多銷售顧問和銷售經理人利用了人們的這種美好的願望，對超凡業績發表宏論，並承諾要給人們無限驚喜。但實際上，他們非但未能將人們引上一條真正的成功之途，相反卻使人們在錯誤的思維泥淖中越陷越深。他們的講授使人們更堅定了「只有模仿名人，才能成就輝煌」的錯誤思維。

很多銷售人員在接受訓練之後就開始改變自己的銷售風格，用講師所推薦的「正宗」

的銷售方法去銷售。當一個銷售周期結束之後，他們往往會發現自己的業績不升反降，客戶資源未增反減，未來的銷售之途居然看不到希望。

事實上，在銷售領域中並沒有什麼「寶典」和「秘笈」。最有效的銷售方法就是用銷售人員的個人魅力去贏得客戶。真正能夠創造奇蹟的，不是模仿別人，而是發揮自己。只有以自己為中心，發掘自己的銷售優勢，找出自己的銷售方法，才能獲得成功。

一項世界權威機構的調查顯示，世界上很多大公司的銷售隊伍中，業績保持在前二五％的銷售人員，之所以能夠創造出四至十倍於一般人的業績，並不是因為他們採取了什麼「正宗」的銷售方法—事實上他們每個人所採用的方法都各不相同，銷售風格也無法統一，而僅僅是因為他們使用了自己的方法去銷售。而且他們自己的方法往往都能突出他們的優勢，都有利於其長處的發揮。

如果將「世界上最偉大的銷售人員」喬・吉拉德和「日本推銷之神」原一平放在一起分析，除了他們都有自信、注重服務等共通性之外，我們很難再找出他們的風格有何相同之處。如果非要說他們之間有共同點的話，那麼最大的共同點就是他們都在運用自己的優勢。

銷售人員向來都是伶牙俐齒的，我們很難想像一個口吃的人能夠做好銷售，更別提獲得卓越的銷售業績而成為銷售明星了。然而，某知名企業公司的馬林，卻用實際行動否定了人們的這種錯誤觀念。馬林雖然口吃，但卻是一個上千人的銷售團隊中成績最好的一個。馬林創造奇蹟的方法很簡單，就是用「自己」的而不是別人的方法銷售。

馬林知道，自己說話慢而且不清楚，更難做到語調抑揚頓挫、詞藻華麗優美，要想使客戶有耐心聽自己把話講完，唯有依靠更高的銷售熱情和更真誠的態度。

他為自己設計了一套全新的方法。在與客戶面談之前，他總是更加精心地整理產品說明書，並繪製多種表格，用不同的表現方式突出自己產品的特點，與各家產品的差異對照圖更是不可少，再加上一些雖不怎麼高明但卻很能說明問題的親手繪畫，往往讓客戶一目瞭然的同時，也為他的用心而深深被打動。

因為口吃，正常人在一次拜訪中可以說完的內容，但馬林總是說不完，只好多跑幾趟。看對方忙，知道對方不會撥出時間來聽自己並不流利的介紹和展示，只好結結巴巴、禮貌地打聲招呼就自動告退。

幾次拜訪下來，客戶往往會因感動而包容他，給予他更多的時間做完應做的介紹。即使實在擠不出時間，也會對他報以歉意的微笑，並且一有時間就主動聯絡馬林。馬林的真誠不但提高了他的成功機率，而且還為他贏得了更多的客戶資源。

銷售明星們之所以能夠創造奇蹟，就是因為他們找到了自己的優勢，並且運用自己的優勢去贏得客戶。

在成為銷售人員之前先找到自己的優勢

銷售成功的關鍵就在於能找到並發揮個人的優勢，不知道自己優勢的人是永遠無法做好銷售工作的。所以，在成為銷售人員之前就應該找到自己的優勢，並為自己設計一套最有利於自己優勢發揮的方法。因為只有憑藉自己的方法，才能獲得最佳業績。

值得注意的是，優勢並非來自於培訓或者經驗。不可否認的是，適當的培訓可以提高銷售技能，然而實際業績、優勢卻不源自於此。世界著名男高音帕華羅帝之所以歌唱得好，與他多年的聲樂訓練密不可分，但許多與帕華羅帝經過同樣聲樂訓練的人，卻未獲得和他一樣顯赫的地位。為什麼呢？就是因為在歌唱方面帕華羅帝更具有優勢。

另外一個例子則是多次獲得奧斯卡金像獎的奧黛麗．赫本。從六歲開始，赫本就接受了芭蕾舞訓練，並將成為一名專業的芭蕾舞演員作為自己一生的奮鬥目標。

然而經過十幾年的訓練，一九六四年赫本在阿姆斯特丹的Hortus Theater表演之前，一位評論家仍然認為赫本「沒有最好的技巧」。儘管此時她已經是一位有名的芭蕾舞教師的得意門生，但赫本認為自己在這條路上走得並不順利。後來她轉向電影圈發展，很快因演出《羅馬假期》的安妮公主而捧回了當年的奧斯卡小金人。

從此她紅極一時，多次獲得奧斯卡影后殊榮。儘管赫本受過相當嚴謹和專業的芭蕾舞訓練，但對於其演藝才華來說，其在芭蕾舞方面的優勢就顯得黯淡無光了。

經驗和訓練的確能增強我們的優勢，但優勢最重要的基礎是天分。如果沒有突出的天分，再多的經驗、訓練和知識都無法使我們成為世界級的高手。赫本因為在芭蕾舞方面並不具有突出的天分，所以雖經過十多年的訓練仍未成為一名出色的舞蹈家；而其在演藝方面的天賦潛力，使其僅經過不久時間的學習就成為了一名出色的演員。

所以，別把訓練或者經驗與優勢畫上等號。需要做的是剖析自己現在的思維模式和行為特點，而不是回憶自己曾經在哪些行業工作過，或者接受過哪些方面的學習和訓練。

對於銷售人員來說，發現自身的優勢是相當重要的，它是銷售成功的基礎。然而遺憾的是，除了那些銷售明星以外，其餘的人都對這些視而不見，相反，他們更關注別人擁有怎樣的優勢，使用怎樣的方法。正是這種忽視自己、模仿別人的錯誤觀念使他們無法跨越平庸，成就卓越。要想使自己躋身銷售明星之列，成為奇蹟的創造者，就必須徹底拋棄這種錯誤思維，把眼光從別人身上移回自己身上，並且發現自己的優勢，找出自己的方法，用自己的獨特魅力達成卓越的業績。

發揮優勢而非改進缺點

在美國，有一個關於成功的寓言故事，一直被廣泛流傳。這個寓言故事講的是：為了像人類一樣聰明，森林裏的動物們開辦了一所學校。學生中有小雞、鴨子、小鳥、兔子、山羊、松鼠等，學校為牠們開設了唱歌、跳舞、跑步、爬山和游泳五門課程。第一天上跑步課，兔子興奮地在體育場地跑了一個來回，並自豪地說：我能做好我天生就喜歡做的事！而看看其他動物，有噘著嘴的，有沈著臉的。放學後，兔子回到家對媽媽說，這個學校真棒！我太喜歡了。

第二天一大早，兔子蹦蹦跳跳來到學校，上課時老師宣布，今天上游泳課。只見鴨子興奮地一下子跳進了水裏，而天生怕水、不會游泳的兔子傻了眼，其他動物更是面有難色。接下來，第三天是唱歌課，第四天是爬山課……每一天的課程，動物們總有喜歡的和不喜歡的。

這個寓言故事詮釋了一個通俗而深刻的道理，那就是：「不能讓豬去唱歌，兔子學游泳。」要想取得成功，兔子就應該去跑步，而鴨子就應該去游泳。

而從銷售的角度來看，要判斷一個銷售人員是否成功，最主要的是看他是否能充分發揮了自己的優勢。在銷售的時候，如果銷售人員能根據自身長處「順勢而為」地將優勢發揮出來，就會事半功倍，很容易獲得訂單；如果像讓兔子學游泳那樣，將焦點集中於改進缺點上，限制自身優勢的發揮，那麼，即使費盡九牛二虎之力，也是事倍功半，難以達到成交的目的。

銷售成功的關鍵在於發揮自己的優勢，只有充分展示自己的長處，才能打動客戶，從而達到成交的目的。

獲得諾貝爾獎的人無疑都是傑出的人士，歸納其成功之道，除了超凡的智力與勤奮努力之外，善於發揮自身的優勢是一個十分重要的因素。那些傑出人士都認為，經過一段時間的探索和思考，對自己的興趣以及思維、知識結構等方面的長短處有所認識後，就可以截長補短，根據自身優勢採取最有利於自身優勢發揮的方法去工作，因此就能提高工作成績。

偉大的科學家愛因斯坦，發現自己的優勢在於敏銳的判斷力，於是他調整了自己的研究方向，使之更有利於其優勢的發揮，因此，他在理論物理研究中得到前所未有的成就。當然，愛因斯坦也有缺點，如果愛因斯坦每天關注的是自身的缺點，而忽略其自身的優勢所在的話，他是不會取得那樣偉大的成就。

顯然，成功者一般都很瞭解自己的優勢所在，並充分地使其發揮出來。所以，銷售人員應該把自己的注意力集中在自身的優勢上，讓自己的優勢引領個人取得銷售的成就。

成功之道在於發揮優勢

銷售失敗的理由不計其數，也各不相同，然而成千上萬的成功者都有一個共同點，就是揚長避短，換言之，就是他們的成功在於發揮優勢。

小麗是某知名保健食品的銷售人員，她其貌不揚，是個不折不扣的「恐龍妹」。雖然銷售不是選美，但一個不爭的事實，那些外表賞心悅目的銷售人員，往往更容易與客戶建立關係。這個事實對於小麗來說是個不小的打擊，但出乎人們意外的是，她的業績似乎並沒有因為長相抱歉而「縮水」，相反，她在銷售中屢創佳績，早已成為這個保健食品中鑽石級的高階經理人。

小麗是如何創造奇蹟的呢？在成為銷售人員的第一天，小麗就對自己做了客觀地分析和評價：自己最突出的弱點在於其面貌，這一缺點很難改變，即使去整容也不能使這一缺點變成優點。所以，有利於自己的銷售方法是對這一缺點不加理會，盡可能地突顯自己的優點。小麗的口才非常好，講話熱情、風趣、幽默。她相信運用這一優點可以使自己的銷售風格獨具特色，同時也可以使人們不再注意自己的缺點，反而會被自己的優點所征服。

透過她的個人優勢魅力，總能促使客戶毫不猶豫地買下產品。有一次，小麗在向一群客戶銷售產品時，意外出現了，有一位有意刁難的客戶當場發問：「妳是不是就是一直在使用這種保健食品的，才會長得這麼有『特色』？」此時，銷售人員如果惱羞成怒、拂袖離去的話，客戶肯定都會大笑而去，這次的銷售也必定一敗塗地。

但在這關鍵時刻，小麗用她的涵養和口才，四兩撥千金地取得最後的勝利。小麗神秘地笑了笑，然後對客戶說：「容貌是爸媽給的，誰都改變不了，但是身體卻可以自己調養。我雖然長的很抱歉，可是我一直在使用我們公司的保健食品，所以身體越來越健康，皮膚也越來越好，人們不是說『一白遮三醜』嗎？我這白裏透紅的皮膚可是由內而外的健康哦！」客戶聽完後都端詳起她的皮膚來了，果然如她所說。於是她博得了信任，很快賣出了不少產品。

「天生我材必自用」，每個人都有自己不同的優勢，有人口才好、有人勤奮、有人很有勇氣、有人誠實等等，在銷售的過程中，銷售人員只要充分發揮自己的優勢，就能夠打動客戶，獲得最後的勝利。

不要讓缺點影響你的銷售

儘管我們強調發掘優勢比改進缺點更容易取得好的銷售成績，但不可否認的是，某些缺點還真會影響個人銷售業績。所以銷售人員在注意自身優勢充分發揮的同時，還要注意減少自身缺點的影響。

所謂：「一招不慎，滿盤皆輸。」在很多情況下，一些不起眼的缺點會導致苦心經營的銷售功虧一簣。

事實上，減低缺點對銷售的影響並不是一件困難的事，有時一個簡單的工具或一個小小的舉措就可實現。小伍是一個非常聰明的銷售人員，但他因為小時候一次車禍失去了右手臂。他能用他的義肢完成很多事情，他知道自己的長處和強項是什麼，也知道如何使它們充分地發揮出來。同樣的，因為他的缺陷，他也常感到力不從心，他的成交機率不可避免地也受到了影響。

每次拜訪完客戶之後，他都想認真填寫拜訪報告—這記錄對把一個新客戶發展為長期客戶具有正面的意義—但他總是半途而廢，因為他的手臂還是不太能做這類的事情。每次都是簡單潦草地填上幾筆，也因為漏記一些重要的細節而失去了不少訂單。幾次銷售失敗之後，小伍決定想辦法降低這一缺點對銷售的影響，他買了一支錄音筆，把拜訪的細節錄下來。

如此一來使小伍徹底擺脫了這一缺點的束縛，他完成了很多跟催拜訪，並且培養了更多有價值的長期客戶。要想取得銷售的成功，就必須將主要精力集中於自己優勢的發揮上，用優勢去征服對方，而不是拚命地彌補缺點；當然這不意味著對缺點可以放牛吃草。

那些成功的銷售人員總是在發揮自己優勢的同時，採取措施阻止缺點影響業績，從而使自己的銷售成績節節攀升。

08 傾全力構建人脈關係

對於銷售人員來說，最重要的資產在於取之不盡、用之不竭的人脈關係。幾乎每個銷售人員都聽說過這樣一句話：「**關鍵不是你賣什麼，而是你認識什麼人。**」銷售人員的人脈關係越廣，接觸的客戶就越多，不斷地拓展人脈關係，就能不斷地提升銷售業績。

每個人都有兩個不同的人際網路，一個是自然得來的，一個是創造出來的。自然得來的人際網路包括家人、親戚、好朋友及其他一些熟人。如果本身就具有良好的個人魅力，主動拓展自己的人際關係，就可以再透過這些人獲得更大的人際網路。

人際網路的開展不斷地影響著銷售的業績。世界上最偉大的銷售人員—喬・吉拉德認為，每一位客戶背後都站著與他關係密切的有二百五十個人，這些人包括他的同事、鄰居、親戚、朋友等等。如果未能與客戶建立起合作關係，那麼相對的也等於同時失去了和他身後站著的二百五十個人合作的機會。如果讓客戶留下了相當好的印象，他就可以成為「引路人」，介紹更多的客戶，幫我們擴大客戶的資源，並且提高銷售業績。

在生意成交後，喬．吉拉德總是把一疊名片和感謝計畫的說明書交給客戶。說明書裏告訴客戶，如果客戶介紹別人來買車，成交之後，每輛車客戶他能得到二十五美元的酬勞。以後每年客戶都會收到喬．吉拉德的一封附有「引路人」計畫的信件，提醒客戶自己的承諾仍然有效。如果喬．吉拉德發現客戶是一位領導人物，其他人會聽他的話，那麼，喬．吉拉德會更加努力促成交易，並設法使其成為「引路人」。

如何使這項計畫有效呢？

喬．吉拉德說：「首先，我嚴格要求自己：『一定要守信』、『一定要迅速付錢』。例如當買車的客人忘了提到介紹人時，只要有人提及『我介紹某人向你買了部新車，怎麼還沒收到介紹費呢？』我一定會告訴他：『很抱歉，客人沒有告訴我，我會立刻把錢匯給您，您還有我的名片嗎？麻煩您記得介紹客人時，把您的名字寫在我的名片上，這樣我就可以立刻把錢寄給您。』有些介紹人，並不想賺取二十五美元，堅決不收下這筆錢，因為他們認為收了錢，心裏會覺得怪怪的，此時，我會送他們一份禮物或在飯店裏安排一頓豐盛的大餐。」

「引路人」計畫使喬．吉拉德收穫豐碩，一九七六年，這一計畫為喬．吉拉德帶來了一百五十筆生意，占總交易額的三分之一。這一計畫對於他所創造的銷售紀錄—連續十二年平均每天銷售六輛車而功不可沒。

當然，拓展人脈關係的途徑很多，每個人都可以選擇適合自己的方法。

拓展人脈關係的方法

銷售人員開發潛在客戶的方法有：

◎積極主動的拜訪和聯繫。

只有主動出擊才能有所斬獲，主動應該是每個銷售人員的行動準則。主動拜訪能迅速地掌握客戶的情況，同時也能磨練銷售人員的銷售技巧，培養選擇潛在客戶的能力。

◎借力使力，透過別人介紹。

客戶、親戚、朋友、長輩、同學都可以成為與客戶之間的橋樑，時間一長，認識的潛在客戶會倍數增加。

◎搜尋分析各種資料。

其中包括：統計資料（政府相關部門的統計調查報告、行業在報刊或期刊等上面刊登的統計調查資料、行業團體公布的調查統計資料等）；名錄類資料（客戶名錄、同學名錄、會員名錄、協會名錄、職員名錄、名人錄、電話黃頁、公司年鑑、企業薪資報告等）；報章類資料（報紙和雜誌等）。

◎參加各種社團組織。

這可以增加結交優質客戶的機會。準備一張有吸引力的名片：要讓所接觸的人知道你是誰？能提供什麼樣的服務，社團如：扶輪社、高爾夫球隊、獅子會等等。

◎寄送宣傳品，利用各種展覽會。

展覽會是拓展人脈關係的途徑之一，事前需要準備好收集到的客戶資料，瞭解客戶的興趣所在以及可以在現場解答客戶的問題。

即使所在的公司沒有參與展覽會，也可以參加客戶的展覽會，當然要有辦法拿到他們的資料。

真誠對別人感興趣

只要真誠對別人感興趣，在兩個月之內，所得到的客戶，會比一個要別人對他感興趣的人，在兩年之內所結識的人還要多。

豪法．哲斯頓被公認為是魔術師中的魔術師。前後四十年，他到世界各地一再地創造幻象來娛樂觀眾，節目的豐富多變讓觀眾看得瞠目咋舌。算算共有六千萬人買票去看他的表演，而他賺了數百萬美元的分紅利潤。

他的魔術知識是否特別優越？「不！」他自己就這樣說。關於魔術手法的書已經有好幾百本，而且有幾十個人跟他懂得一樣多，但他有兩樣東西是其他人沒有的。第一，他能在舞台上把他的個性表現出來。他是一個表演大師，他瞭解人的天性。他的所作所為，每一個手勢，每一個語氣，每一個眉毛上揚的動作，都事先仔細地練習過數十遍，而他的動作也配合得分毫不差。第二，也是最關鍵的一點，哲斯頓對別人是真誠地感興趣。他說，許多魔術師會看著觀眾，而對自己說：「嗯，坐在底下的那些人是一群傻子，一群笨蛋；我可以把他們騙得團團轉。」但哲斯頓不同，他每次走上台，就對自己說：「我很感激，因為這些人來看我的表演。他們使我能夠過著很舒適的生活，我要把我最高明的手法表演給他們看。」

正是因為哲斯頓對別人感興趣，才獲得空前的成功。雖然銷售人員並不是魔術師，但這個定律同樣適用。不要希望客戶會主動對你感興趣，要想與客戶建立一種和諧穩定的關係，必須先對客戶充滿興趣。因為你對別人感興趣的同時，也正是別人對你感興趣的時候。

以自己的模式建立的關係才會長久

對很多銷售人員來說，如何與客戶建立關係，同時將這個關係深化得更穩定、和諧和長久，一直是個困擾的問題。為了解決這一問題，他們不斷地研習銷售教材和成功人士的銷售「寶典」，希望能夠從中找到答案。然而遺憾的是，那些曾在別人身上產生奇蹟的成功法則，套用到自己身上，似乎就「法力」盡失，不但未能創造奇蹟，還可能讓局面變得更難控制，使結果變得更糟。

讓我們來看看這個實例，回頭再來研究到底哪裡不對，如此一來就可以幫你更清楚自己應該怎麼做了。

喬治並不是一個活力四射的人，他的專長是寬容地對待客戶，同時敏銳地把握客戶的心理。儘管他的業績已經很不錯了，但他仍希望能夠變得更好一點，他一直為提升業績不停的努力。為了盡可能與更多的客戶建立關係，喬治決定採用菲比的方法——這個年輕的女銷售員是公司的銷售紀錄保持者。她總是活力四射，與她所遇到的每個人親切交談，並且迅速地與那些有可能成為客戶的人建立關係。

喬治決定把自己也變成一個活躍分子，用熱情擴大自己的客戶網路。他開始模仿菲比，並且改變自己的風格。他不再對轄區裏的人進行篩選，從中找到潛在客戶，而是與每個人搭訕，試圖把那些沒有購買意願的人也拉進來；對於客戶的詳細調查和分析也被省略，因為在這種思維模式下客戶並非事先選定好的，而且也沒有預留事前評估的時間；在拜訪時，喬治不再像以前那樣細心地傾聽客戶的意見，並對客戶的心理加以分析，而是將注意力全部集中在使用怎樣的言語才能撩撥起客戶的情緒上。

改變的結果令喬治灰心喪氣，他的銷售業績不但沒有上升，相反還出現了大幅下滑；客戶基盤也未因而擴大，相反的，那些老客戶對喬治的這一變化，反應得相當強烈──他們喜歡以前的那個善於傾聽和包容的喬治，而不是現在這個喋喋不休的人。

喬治的失敗無疑給那些只是拷貝別人成功經驗，或照抄銷售教材的銷售人員當頭一棒：只有用自己的模式，而不是別人的方式，建立的關係才能更和諧、穩定和長久。

與客戶建立關係的前提和關鍵在於打動客戶、感染客戶、贏得客戶，而什麼事物才能使客戶被打動、受到感染進而保持長久的關係呢？顯然，只有人格、人性和個人魅力才能做到。銷售人員若想使自己的個人魅力得到充分發揮，用自己的人格和人性打開客戶的心防，在銷售的過程中就必須完全釋放自我，不用那些所謂的「原則」、「方法」來壓制自己。充分地發揮自己的特長和優勢，同時也不要掩飾自己的弱點，讓客戶感受到真真實實的自我，這樣客戶才會對銷售人員產生信任，也才會積極地融入銷售情境，在日後長久地保持這份信任和默契，維繫長久的合作。

09 聚焦在想望的結果上

一名銷售人員要選擇自己專注的焦點。凡事要積極思考，將注意的焦點完全集中在想望的結果上。假如矢志不移地追求目標和成就，它們就會變成一種主導自己行為的原動力。

假如真的想要增加銷售績效，並把注意力集中於此，就會發現其實自己正在朝著這一目標努力。越是專注於所要的東西，就會越執著努力地去得到它。想的越多，目標就會更快地可以實現。

用夢想來提升動力

從事銷售工作多年的人，為什麼還是有許多人業績始終不理想，而且沒有取得成功？其主要原因，是他們沒有奮鬥的目標，沒有夢想，沒有積極的思維心態。

一個銷售人員如果沒有夢想，沒有目標，就會變得無精打采而失去了進取之心，更不能發掘自身的潛能。要想成功，就必須設定自己的目標，用夢想去激勵自己。

有一個銷售人員業績一直很不好，有一次，他聽了一位前輩的演講，才發現自己這麼多年之所以沒有成功，就是因為缺乏目標，沒有用目標來激勵自己。這個前輩告訴大家這樣一個方法：把自己的目標寫在紙上，然後放在衣服的口袋裏，並時常拿出來激勵自己，就會提高銷售業績。

這個銷售人員回去之後下定了決心，決定了該年度的營業目標——那是個驚人的數字，根據他過去的業績來看，幾乎是一個不可能達成的目標。

以下就是他寫在紙上，放在口袋裏的話：

今年是我最好的一年。我要把所有的幹勁和精力投入到工作中，並且享受工作的樂趣，以積極開朗的心態對待工作。我相信我一定能取得高於去年五〇%的業績。我一定要實現這個目標。

果然，在這一年裏，這個銷售人員的營業額奇蹟般地增加了五〇%。事後他對那個前輩說：「如果我不立下這個目標，我可能仍然徘徊在最低的業績邊緣。你教我的方法使我採取了從來沒有過的積極心態，激發了連我自己都不敢想像的潛能。現在，我的業績仍在持續不斷的增長中。」

如果你是一個夢想成功的銷售人員，那就把每日、每季、每年的銷售目標及收入目標寫下來。你需要擬定財務目標、個人發展目標及精神目標，就像蓋房子繪製藍圖那樣，畫出自己夢想的藍圖。

如果想成功，就必須先有目標，先有夢想，並時常用肯定、正面的自我宣言，不斷地自我教育、自我塑造、自我激發。請記住：成功，永遠屬於那些擁有夢想、敢於夢想的人。

計算成功而非失敗的次數

成功者就是那些不斷追求銷售業績的人，而失敗者總是把心思浪費在不想要的東西上面。結果，成功者能夠得到越來越高的銷售業績，而失敗者的收穫卻越來越少。

有兩個人於傍晚時在河堤上散步。其中一個問另一個當銷售人員的朋友：「你今天做了多少生意呢？」

「我今天簽了五份訂單。」另一個人很興奮地回答。

「那你今天遇到過多少次拒絕和挫折呀？」

「我從來沒有去注意這些，我把注意力全部集中在我想要的業績上。我只想著今天要簽回多少訂單，做成多少生意。我才不去計較、不去在意那些阻礙我成功的障礙呢！」

成功的銷售人員總是把注意力集中在自己想要的業績上，而不是把注意力放在客戶的拒絕和自己遭受的挫折上。他們的心態是積極的，他們會非常快樂地計算出自己每天做成了多少生意，而不是去計算今天遇到過多少次拒絕，遭到多少人的白眼，遇到多少次失敗。

作為一個銷售人員，想要的業績是什麼？是一天售出五份產品，還是忍受五十次拒絕。如果把注意力集中到想要的業績上，集中到想售出的五份產品上，就不會害怕客戶的拒絕，也不會去計較客戶的拒絕。這種思維的模式，會讓人保持旺盛的鬥志和進取向上的精神，並能把自信、積極、熱情的一面展現給客戶，這種專注的精神會促使人達到自己想要的業績。

相反，如果把注意力放在挫折和失敗上，想到一天可能遭受五十次拒絕上，人就會變得消極起來，消極的人是達不到自己想要的業績的。其實，一個銷售人員是否成功，就在於他的心態如何，是積極的還是消極的。當某種困難出現在面前時，如果只去思考那些困難，那就會因此而消沈。但如果把注意力放在如何排除困難，馬上就會感覺到自己心中充滿陽光，充滿力量。同時，積極的心態不但使自己充滿奮鬥的精神，也會給身邊的人帶來光與熱。把注意力集中到想要的銷售業績上，排除其他不利因素的阻礙，就能獲得自己想要的收穫。

有強烈的企圖心才不會畏懼客戶的拒絕

美國一家大公司在招聘銷售人員的時候，總會問這樣一個問題：「你為什麼要做銷售員？」對於這個簡單的問題，大部分的應徵者會回答：「我喜歡這個具有挑戰性的工作」、「為了實現自己的理想」等等。做出這樣的回答的應徵者一般是不會被錄用的。相反地，如果應徵者說，「為了賺錢」，招聘者反而會露出滿意的笑容，祝賀他被錄用了。

說「為了賺錢」似乎有點低俗，但為什麼卻被錄用了呢？這是因為從這個回答中，招聘者能夠看到應徵者所擁有的強烈的企圖心。擁有強烈的企圖心的銷售人員，不會畏懼客戶的拒絕，而且做事一定會全力以赴。

拿破崙曾說：「不想當元帥的士兵不是好士兵。」把這句話套用到銷售人員身上，就可以這樣說：「不想賺大錢的銷售員，不能成為一個頂尖的銷售員。」

事實確是如此，一個不想賺大錢的銷售員，一般都創造不出良好的業績。有兩個銷售員，分別來自兩家不同的公司，但銷售的產品和活動的區域卻是一樣的。一年下來，其中一個比另一個賣出的產品要多三至四倍。為什麼會這樣？因為業績優秀的那個銷售員擁有強烈的企圖心，而且有強烈的賺錢慾望，所以工作時總是全力以赴。結果，理所當然地獲得了豐厚的報酬。而另一個人得到的報酬少得只能夠維持他的生活之用，這是因為他的慾望太小，並且沒有強烈的企圖心。

業績的好壞，取決於一個銷售人員是否擁有強烈的企圖心。企圖心從某種意義上說，就是永不滿足，永遠向前。對於一名銷售人員而言，永不滿足的天性為他帶來無窮的動力，使他不斷地跨越障礙，創造奇蹟。

撞車最多的，並不是剛學會開車的新手，而是有一、兩年車齡的「半老手」。因為隨著駕車技術的逐漸熟練，他們失去了「把車開得更好」的企圖之心，進而產生「熟而輕之」的思維心態，這樣自然容易發生交通事故。

在銷售這個行業裏，也經常有這樣的情況：常常是一些菜鳥，剛剛完成公司的培訓，產品知識和經驗都很少，但卻成交了一筆又一筆的買賣。究其原因就是，他們對擁有好的業績具有強烈的企圖心。

所以，別掩飾個人的慾望，更別用「低俗」、「貪得無厭」來壓制和打擊它。只有使自己的慾望變得強烈，使自己的企圖心不斷膨脹，才能擁有堅持不懈和全力以赴的精神，才會建立起積極的心態，最終創造出卓越的業績。

專注和渴望才能造就成功

傳說古希臘塞浦路斯島有一位年輕的王子，名叫皮革馬利歐，他酷愛藝術，在自己不斷地努力後，終於雕塑了一尊女神像。對於自己的得意之作，他愛不釋手，整天含情脈脈地注視著她。天長日久，女神像終於奇蹟般地復活了，並樂意做他的妻子。這個故事蘊含了一個非常深刻的哲理：期待是一種力量，這種期待的力量就被心理學家稱為「皮革馬利歐效應」。

一個人只有渴望成功，擁有強烈的成長慾望，並且堅持地努力去做，最後才能獲得自己所期望的成功。

曾經有知名雜誌對白手起家的億萬富翁進行過深入的調查，調查發現這些富翁在早期創業時都有一個共通點，就是對成功有著強烈的慾望。

強烈的慾望，是打開成功之門的金鑰匙。如果沒有不斷成長、不斷提升的慾望，那麼即使機會擺在面前、即使具備足夠的才能，也難以獲得成功。一個不渴望成功，沒有對成為「王牌銷售員」抱有強烈慾望的銷售人員，是永遠不可能有成功的那一天的。

美國奧蘭多朗托斯業務推廣公司的總裁潘．朗托斯曾是一個肥胖、沮喪的家庭主婦。一天，她突然覺得自己不應該在這樣的生活中沈淪下去，於是決心做些改變。

她找到了一份銷售工作，也沒用多長久時間就取得了不錯的銷售業績。不斷進步和成功使她萌生了開拓電台市場—在此之前沒有人能夠在這個市場取得哪怕是一美元的訂單。這一強烈的慾望驅使著她馬上和電台經理取得聯繫。但電台的經理卻一再表示電台裏沒有餘額，也不願見她。但朗托斯不再願意接受任何的「ＮＯ」。她索性在電台經理辦公室正對面「露營」，直到這位經理想見她為止。最後她獲得了她想得到的。

如果想成功，就必須先有成功的慾望。只有經常以肯定、正面的自我督促，不斷地進行自我教育和自我塑造，才能走上成功之路。成功永遠屬於那些相信夢想，渴望成功的人。

有一個叫比爾的銷售員，他過去的業績一直不錯，但在最近的幾個月裏，他的業績卻一直在走下坡路。銷售經理盡最大可能試圖讓他振作起來：教給他新的方法，甚至幫他聯繫一些很有潛力的客戶……但這些都沒有奏效。銷售經理不得不對他下了最後通牒：在這十個客戶中，至少要做成三筆交易，否則走人。

銷售經理對他說：「比爾，因為你的心裏沒有成功的慾望，所以業績越來越糟糕。」從今天起，你就在心裏對自己說：「我今天一定能做成一筆生意！」你要不停地在心裏說這句話，不管你在做什麼，都不要停止，要帶著感情去說，有信心的說。

比爾按照銷售經理所說的去做了，他不斷重覆這句話，直到它變成了一種對成功的強烈慾望和堅強的自信。

第二天，他所面對的客戶從一開始就擺出一副拒絕的姿態。但比爾一點也不感到奇怪，這種情形和以往一樣，他見多了。比爾沒有像以往那樣變得消極起來，而是在心底不斷地重覆那句話：「我今天一定能做成一筆生意。」他用更加的熱情和積極的心態去介紹產品，用更加堅強的自信心去感染對方，最後，他做成了這筆買賣。正是成功的慾望，激勵了他並使他獲得了成功。

日本頂尖銷售高手柴田和子說：「要成為一個頂尖推銷人員，就要有慾望，有『這個月要達到這個目標』的慾望，擁有『要成為眾人楷模』的慾望，『要滿足慾望』的慾望。」

10 講究說話的藝術

雖然僅憑出色的口才和言語天分，不足以讓一名銷售人員在銷售領域出類拔萃，但是不能否認的是，如果沒有這項能力，銷售人員是很難獲取成功。能言善道是一個合格的銷售人員應具備的重要素質。成功的銷售人員有良好的言語表達能力，才能讓他們在介紹產品時清晰、簡潔、明瞭、準確適度、合情合理、親切優美地打動人、說服人，感染對方，激起客戶的購買慾望，形成良好的銷售氣氛，達到銷售的目的。

很多人認為好的言語表達能力就是滔滔不絕，事實上並非如此。判斷一名銷售人員是否具有好的言語表達能力，要從他所使用的言語的說服力來分析。銷售的核心既然是說服，則說服力的強弱就成為衡量銷售人員的能力高低的標準之一。很多時候滔滔不絕不但不能說服客戶，還有可能引起客戶的反感。真正的說服需要技巧。那些真正具有說服力的銷售人員並非都是口若懸河、侃侃而談，而是掌握方法。一個木訥、呆板甚至說話結巴的銷售人員都能夠具有超強的說服力。

避免消極的意涵，給客戶積極的感受

具有說服力和感染力的言語，首先必須是積極的。很多銷售人員沒有注意到這一點，所以他們的銷售總得不到客戶的熱烈回應。一位機器設備的銷售人員在回答客戶有關產品性能方面的問題時，是這樣回答的：「A先生，您永遠也不會因為買了我們的商品而後悔。因為這款機器絕對不會給您帶來問題和抱怨！」後來他失敗了。幾天後另一位推銷同樣機器的銷售人員也來拜訪A先生，面對同樣的問題，這位銷售員是這樣回答的：「A先生，我保證您今後幾年都會因為購買了我們的產品而高興的！易於操作、功能強一直都是這款機器的特點！」最後他成功了。從邏輯上說，兩名銷售人員所說的內容是相同的，但是因為前一位使用了消極的言語所以鎩羽而歸，而後一位則因為使用了積極的言語而獲得了訂單。

不管所面對的是怎麼樣的客戶，也不管所處的環境為何，無論如何都要使用積極進取的鼓勵性話術。我們要說：「這種產品真的很不錯！」而不要說：「它絕對不會出差錯」；要說「我們能為您提供更加全面周到的服務」而不要說：「和我們合作您就不必再擔心因為合作夥伴不能履約而帶來損失」。

話術語氣可以再委婉一些

說服不是逼迫，這是很明顯的道理，但仍然有相當多的銷售人員把二者混為一談。很多銷售人員認為，如果自己顯得鬥性十足，客戶就能「就範」而購買自己的產品，然而事實並非如此。不管是言語還是行動上的逼迫，都不會給客戶帶來好的感受，而且也不能說服他們，相反只會引起他們的反感。與鬥性十足的言語比起來，客戶更容易接受一種委婉的、柔和的言語。當銷售人員使用這種言語時，客戶就會有一種推心置腹的感覺。這種言語能為銷售人員贏得客戶朋友般的友誼，使自己的真誠得以展現。事實上，這種言語更有助於銷售。

如果你是一位客戶，你會對下列哪一位銷售人員產生好感呢？

A：「如果您沒有其他的問題了，我建議您現在馬上就做決定！」
B：「如果您沒有其他的問題了，您應當迅速決定！」
C：「您還考慮什麼呢？我們已經就所有的問題都談過了。」
D：「不要猶豫了，您最好現在就買下。」
E：「請拿著這支筆在訂單上簽上您的名字。」

顯然，你會對銷售人員A抱有好感，因為他是真正在說服而不是在逼迫。

避免逼迫式的言語並不困難，只要在你所說的話中加入「我想」、「建議」、「我認為」、「我提議」等等字眼，就可以了。此外，銷售人員還要注意，在自己的動作、表情中要盡量避免焦躁、著急，而要表現得謙遜、自持。不要步步緊逼，而是要盡可能為客戶營造輕鬆活潑的氣氛。當然，在回答客戶有關產品專業知識方面的問題，則要顯得信心十足，這樣才能展現自己的專業形象。

在言語上爭取主動

銷售人員在與客戶交談時要掌握主動權。主動權在銷售中能發揮絕對重要的影響作用，銷售人員只有將主動權掌握在自己手上，才能扮演引導者的角色，進而簽到訂單。

第一，少說多問掌握主動權。

最有說服力的言語表達方式不是陳述，而是發問。發問不但比陳述更有利於銷售人員瞭解導致潛在客戶猶豫不決的真正原因，也更能對症下藥地加以說服，更有利於傳達銷售人員對自己產品的信賴，從而影響客戶爭取訂單。適時正中下懷的發問，往往可以讓銷售進行得快又有效。

經過一個多月的奔波，露西終於找到了一棟能令她的客戶格林先生百分之百滿意的房子，後來的結果也證明了她的這一判斷並沒有錯。在他們看房子的那一天，她的客戶表現出了難以掩飾的驚喜。不論是房子的建築風格還是結構格局，甚至車庫和游泳池都得到了格林先生的讚賞。他興奮地說：「所有的這一切都完美無缺，它簡直太漂亮了。我真想立刻就擁有它。」

露西很高興，她知道事情已經成功了一半。於是她看著她的客戶說：「只要你願意在這張紙上簽上你的名字，你就可以擁有它了。不過在你簽下合約之前，我覺得必須告訴你一件事情，那就是這棟房子價格比你開出的價格要高出五萬美元。」

聽了這番話後，格林先生臉上笑容漸漸消失，他的表情變得平靜，並陷入了思考。露西察覺到了這一變化，於是她問了一個問題：「格林先生，你說過你打算在這座城市定居，我想你肯定會在這裡住上三十年吧？」

「事實上，我打算在這裡住更長的時間。」

「那你覺得這裡的周邊設施以及交通狀況如何？它們會讓這棟房子的價值以每年一％的速度增值嗎？」

「這絕對是有可能的。這裡方便的交通網和即將動工的公共設施很有可能使它在短期內價值大增。」

「那麼請你再回答我一個問題，你現在每年要拿出多少錢來支付公寓租金？」

「大約七萬美元左右。」

「那你願意以年繳五萬美元的價格，買下這棟漂亮的房子嗎？而且更為誘人的是，到了十五年你就可以擁有這棟房子，並且享受它為你帶來的每年一％的增值能力，並在它的陪伴下幸福快樂的生活三十年。你覺得這個計畫怎麼樣？」

格林先生聽完後，二話不說就在露西拿出的合約書上簽上了自己的名字。

發問往往比陳述更有利於幫潛在客戶理清思路，使他們積極主動地自己說服自己，而果斷地做出購買決定，並採取行動。

第二，要用主動句代替被動句。

與被動句相比，主動句屬於對銷售有利的言語。其實，如果銷售人員以主動句表達自己的觀點，往往比被動句更能獲得好的結果。

比如：「目前，我們正在積極地籌劃一項新的專案」，往往比：「目前，一項新的專案正在積極的籌劃中」，更容易被接受；「我們科研所目前正在針對這幾種可能性做研究」，所表達的意義往往比：「這幾種可能性目前屬於我們科研所的研究範圍之內」，更清晰；「我們會在公司高層會議上討論您的這個問題」，往往比：「您的這個問題將會被列為公司高層會議上的一個議題」，聽起來更舒服。

所以，在銷售的過程中，銷售人員要盡量的使用主動句，要說：「我會為您解決這個問題」，不要說：「您的問題會被解決」；要說：「我下次會帶來更適合妳的化妝品」，不要說：「妳的化妝品會在下次帶來」。

請記住，言語上的微小差別往往會帶來銷售結果上的天壤之別。

第三，大方地回答有關競爭對手的問題。

很多銷售人員在面對有關競爭對手的問題時，顯得手足無措，因此導致主動權的喪失。事實上，當遇到這類問題時，銷售人員可以大方地回答，可以坦率地說出自己的產品和競爭對手的產品有哪些不同，也可以做一些客觀的比較。**但在處理這一問題時，有兩個原則，一是要實事求是，不要貶低競爭對手，也不虛誇自己的公司；二是要想方設法使客戶的注意力回到自己公司的產品上。**銷售人員亨利的回答很值得我們學習。

亨利拜訪客戶時，遇到了一件十分棘手的事。他剛自我介紹完之後，客戶就下了逐客令：「我們與『科拉羅』公司有著固定的供貨關係！」

聽到這樣的回答，亨利並沒有慌張，而是說：「這個我知道，克萊克先生……克萊克先生，當您選擇供應商的時候，您一定會考慮，這家公司在您公司的附近是否有服務站吧？」

亨利的回答無疑出乎客戶的預料，他緊盯著這位銷售人員：「啊！您是想說『科拉羅』公司……」。

看到客戶的注意力集中到自己身上，亨利覺得是自己切入主題的時候了，於是他接過話說：「不好意思，克萊克先生，我不得不打斷您！有關我們這個同行的情況，我想不必我多講。因為我還有很多有關布里斯多公司（亨利所在的公司）的優點要說！您知道就在幾個月以前，布里斯多公司在這個地區成立了一家分公司嗎……？」「嗯，這個我聽說了……」亨利成功地把客戶的注意力轉移到自己的公司上來了。

在銷售談話中，銷售人員並不需要迴避客戶有關競爭對手的談話，但應該注意的是，在回答這個問題時，不要把自己競爭對手的名字說出來！即使客戶引導來談論這個話題，也不能輕易就範！說出競爭對手的名字，不但會加強客戶對於競爭對手的印象，而且如果處理不當還會使客戶產生這樣一種想法：「這家公司在與它的競爭對手公開叫陣。」這對於銷售是不利的。

用聲音助自己一臂之力

雖然銷售不是唱歌，但動聽的聲音往往會使銷售人員更快地獲得客戶的好感和注意。銷售人員的說話聲音應該使客戶聽起來舒服、愉快。說話時，語氣應始終保持柔和，避免大聲說話，避免發出刺耳的高音，要給消費者一種溫暖的感覺。被拒絕時，也不要使用會引起爭吵的語氣、字句。與客戶說話時，應始終保持一種協商諮詢的口吻，避免用命令式或乞求的語氣。

在與客戶洽談時，必須有技巧地運用停頓和重覆。恰到好處地停頓會使客戶回想起對你有利的銷售資訊，重覆會使商品的特點給客戶留下更深的印象。銷售人員在談話中應注意自己的語調，掌握說話速度，以便掌握整個銷售談話過程，使自己處於主動地位。談話時，應做到簡明、恰到好處，過多的廢話會引起客戶的反感。當產品擁有眾多的優點時，說出其中最重要的一、兩條即可。

在談話的過程中，銷售人員應該配合對方的速度，來調節自己說話的速度。如果客戶說話的速度較快，那麼一個說話速度慢的銷售人員在他的眼裏就會顯得有點兒「慢吞吞」。這時，客戶就會不耐煩，甚至有些惱火，或者可能會昏昏欲睡。如果客戶說話速度很慢，那麼，速度快的銷售人員對他來說，不僅談話內容聽起來很吃力，而且常常會給客戶留下不可信任的印象。

有一項研究結果指出，就男性來說，深沈的聲音對於提升講話人的自信、可信度和權威性是很有幫助的。因此，男性銷售人員不妨放慢說話速度，當我們說話的速度較慢時，我們的聲音也會變得比較深沈，這時候，我們就會顯得更加有自信，而且更具有權威和專業性。但是，對於女性來說，聲音與可信度的關聯卻很小。

適當地放慢說話速度對於銷售是很有好處的。說話快的時候，我們很容易犯錯，也會不斷地改口修正，這樣會讓我們顯得自相矛盾。而如果說話速度放慢，思維的速度就會超過說話的速度，所說的每一句話都會是經過慎重考慮的，犯錯誤的機率就會降低很多，自然就會提升成交的可能性。

銷售人員在與客戶交談時應盡可能讓語調充滿抑揚頓挫，因為，平鋪直敘的介紹是最不具吸引力的。一位銷售大師曾說：「銷售人員最好的言語不是說出來的，而是唱出來的。」「說的比唱的好聽」是可以學會的。可以在家做這種練習：在自己面前擺上一台答錄機，隨意挑選書籍、雜誌以及報紙中的文章，然後盡可能用充滿感情的，最美的語調把它讀出來。讀完之後，再自己聽一遍效果，接著改正自己覺得可以加強的部分，直到滿意為止。

記住自己易犯的錯誤，在與客戶交談時盡量避免發生，這樣就能成為一個人見人愛的銷售人員了。

機智的言語可以化解尷尬

在銷售的過程中，會遇到一些尷尬的狀況，比如叫錯客戶的名字，在會面時忘記了一個重要的名字或重要數據，在銷售拜訪時，碰灑咖啡或者茶水，在銷售會面後發現午飯吃的菠菜沾在牙齒上……這些都有可能讓銷售努力前功盡棄。

在遇到這些尷尬場面時，該怎麼辦？成功的銷售人員認為，只要運用機智的言語，就可輕鬆化解這些尷尬。

一位優秀的銷售人員：瓊，認為面對尷尬最好的辦法就是，盡可能使自己的聲音和語調保持自然和平靜。在一次產品推薦會上，瓊出醜了。她那天穿了一件過長的連身裙，裙擺一直垂到地面。就在她後退一步打算靠近白板時，她的腳踩住了她的裙子，結果當眾摔倒在講台上。觀眾起初還不知道發生了什麼事，接下來就有幾個人跑上台來攙扶她。當她站起身時，並沒有驚惶失措，而是繼續用平靜的聲音介紹產品。會場只經過了很短一段時間的騷動就安靜下來，像是什麼也沒有發生過一樣。

當然，適當的幽默也是打破尷尬的絕好方法。小亞在做銷售拜訪，當時她站在門邊與客戶握手說再見，當她準備後退一步邁出客戶家門時，腳被門邊的玩具絆了一下，她開始向下倒。出於反射動作，她抓住了客戶的肩膀尋求支撐，客戶也很配合地拉起了她。當她站穩時，她微笑著對站在旁邊看的客戶的小女兒說：「我和妳的爸爸配合的這段吉普賽舞很經典，不是嗎？」聽完所有的人都開懷大笑，尷尬也就在頃刻間消失了。

不管做了怎樣充分的準備，意外總是不可預期地發生，一旦尷尬發生，銷售人員就必須要有具備能夠應對的能力，用機智的言語化解尷尬情況，對銷售的影響降到最低程度。

11 增強自己的親和力

只要留心觀察不難發現，在銷售行業成就卓著的成功人士都有以下共通點：喜歡與人交往、容易發現他人的優點、富有同情心、待人真誠。這些就是親和力的具體表現。

親和力是指人與人之間，建立起來的思想交流和情感溝通的方式或手段。具有親和力的人，容易獲得別人的好感，在別人的心中營造出良好、重要、可信賴的形象，人們往往樂於與其結交。親和力是銷售人員與客戶建立友誼的橋樑。非凡的親和力有助於銷售事業，使業績斐然。只有當客戶接受銷售人員的時候，他們才會接受銷售的產品。親和力的作用，顯示在對他人的影響和說服能力上。親和力越強，則對他人的影響力和說服力就越大。

有一位女孩到一家公司應徵當銷售人員。儘管她是第一次到這家公司，而且一個人也不認識，但她不把自己當成一個外人，而是非常熱情地和周圍所有的同事們打招呼，連公司管理員的老伯伯姓什麼都知道。她發自內心地去瞭解每個人，有一種與生俱來的親和力，而這種親和力也使她獲得了這份工作。這位女孩到公司的第一個月就有了不錯的業績，第二、三個月已經非常出色，銷售業績是其他人的十幾倍，這就是親和力的威力。

尋找共同點切入正題

對於銷售人員來說，最大的考驗在於如何與客戶取得聯繫並順利導入正題，在這個環節中，銷售人員的親和力有著決定性的作用。

一些不具有親和力的銷售人員，在見到客戶時往往不知如何開口說話。他們侷促不安、神情緊張，只是迫於情勢才生硬地說出：「請問您對某某商品有興趣嗎？」、「想不想購買某某商品？」等等乾澀的話語。毫無疑問的，他們得到的回答都是千篇一律的「不」或「沒有」。

一個富有親和力的銷售人員從不會犯這樣的錯誤，他們會用熱情友好的態度來消除客戶的緊張，並且用微笑和體貼化解客戶的不安。在導入正題時，他們會盡可能讓交談自然一些，以避免客戶感到唐突。總之他們的推銷過程，充滿了人情味。他們的法寶就是先找到客戶的共同點，再導入正題。

要增加自己的親和力，首先必須具有讓客戶回答「是」的能力，而這種能力又有賴高度的洞察力。只有憑藉高度的洞察力，找到客戶的共同點，才能提出讓客戶回答「是」的問題。

下面是一位成功的銷售人員的開場白。

「好可愛的小狗，是隻名貴的西施犬吧？」

「是的。」（事實如此，不得不這樣回答）

「毛色真好，潔白無比，您是不是每天都為牠洗澡？很累吧？」

「是啊，不過是一種喜好，於是就不會覺得累了。」（對方非常高興地回答）

每當遇到有愛犬的客戶，這位銷售人員總是非常順利地與客戶搭上話。這種方式非常有效，總能立刻引起對方的共鳴，引導對方做出肯定的回答，並且自然地轉移話題，「言歸正傳」地切入正題。

很多銷售人員認為，尋找共同點並不容易，尤其在面對完全陌生的客戶時更是如此。「很多顧問和銷售手冊中說，如果客戶帶著孩子，那麼與其交談的切入點就在他的孩子身上；如果對方有寵物，那麼也可以此為切入點；有汽車的人，可以和他聊聊汽車；做健身運動中的人，可以聊聊保養方面的事。可是實際上，我們很難保證我們要見的客戶一定有孩子、有寵物、有汽車或者在健身，在見面之前我們對他們一無所知，在見面的瞬間他們可能在做各種事情。在這種情況下，我們很難找出共同點，找到切入的話題。」一位銷售人員苦惱地說。

事實也是如此，在見到客戶之前，我們對他們一無所知，無法事先找到共同點，但這並不表示我們對這個難題束手無策。有經驗的銷售人員會在與客戶見面的瞬間找到共同點，從而使談話充滿人情味。他們的秘訣就是留心細節。

首先，找到共同言語，實現言語的同步。使自己在一開始就給客戶留下一個富有親和力的印象，快速地掌握客戶開口幾句話所用的「辭彙」、「術語」、「口頭禪」，把握客戶的言語特點，然後用相似的言語與其溝通，就能產生很好的言語感召力。例如，客戶說：「昨天皇家馬德里與尤文圖斯的比賽中，貝克漢的進球簡直帥呆了。」我們就可以使用「酷斃了」、「帥呆了」、「足球比賽」、「貝克漢」等等，符合客戶言語特點的詞語與其溝通。

要想保持言語同步，銷售人員需要做到兩點：

一是保持共同的話題；

二是使用共同或相似的用詞、造句和表達方式。

這是建立一見如故式的親和力的重要步驟。

其次，配合對方的感官方式。每個客戶都是不同的，這些差異性不僅表現在客戶的愛好興趣上，還表現在客戶的感覺方式上。有些人對視覺的衝擊很敏感，另外一些人則傾向於聽覺，還有的人習慣於依靠觸覺做出決定。銷售人員要想與客戶建立親密的關係，給客戶留下親切的印象，就必須積極配合客戶的感官方式。例如：客戶非常注意自己孩子的一舉一動，每當聽到孩子的笑聲，他就停下話來微笑著注視他，那麼我們絕不能在孩子發出笑聲時還滔滔不絕地介紹產品，而應該停下來對客戶孩子的機靈或小花樣表現出讚賞的表情。當孩子哭時，更不能無動於衷，要表現得像孩子的親人一樣關心地跑過去，並且詢問孩子哭泣的原因。也就是說，與客戶的反應同步，將促進交談的融洽。共同的反應能夠造成共同或相似的心境，而使得雙方能很容易溝通。

最後，盡可能與客戶保持狀態同步。

人們總會對與自己有很多相同點的人產生親切感，與客戶在言語上用法一致、在感覺上也達成共識之後，客戶內心深處的陌生感、緊張感以及距離感就會逐步消除，親切感將油然而生，銷售就可以在一種非常友好的氣氛、非常愉快的狀態中進行。換句話說，言語和感覺的同步，可以為銷售產生一個好的開頭。

行為狀態最能突出兩個人的相似性。如果客戶見到你就像見到鏡子中的自己一樣，無疑會倍感親切。這裡的「像見到鏡子中的自己」不是指相貌，而是指行為狀態。

事實上，要做到這一點並不困難，只要留心觀察並揣摩客戶的行為，就可在狀態上與客戶保持一致。比如在交談中，客戶邊給花澆水邊回應你的問題，那麼你也可以拿起另一個噴灑壺像客戶一樣給花澆水，或者幫客戶摘除花盆裏的雜草和殘枝敗葉，表示親切。當客戶談到打高爾夫球時表現出情緒高漲，談話中加上手勢、表演，那麼你的語調也要相對地提高，同時使激動之情溢於言表，這樣就能使你的言談、舉止、心境與客戶產生相似，進而達到狀態同步。當客戶看到你就像看到鏡子中的自己一樣親切，交談就不會陷入尷尬的境地了。

適時親切的稱呼客戶的名字

世界上最美妙的聲音不是動聽的音樂，而是從別人口中聽到自己的名字。名字對於每個人來說都是非常重要的，沒有人喜歡和一個不尊重自己名字的人打交道。因此，記住客戶的名字，對於銷售人員來說非常重要。如果想迅速與客戶建立關係，拉近與客戶之間的距離，最好的辦法就是說出客戶的名字。

在日本鹿兒島渡假勝地，旅館到處都是，但人們總喜歡入住F賓館。不管是旅遊旺季還是旅遊淡季，F賓館總是門庭若市，高朋滿座。為什麼會這樣呢？因為F賓館有一套特別的生意經。

在F賓館裏，服務人員總是把每一位客戶的皮鞋擦得乾淨光亮，而且當服務台知道你今天要外出，就會把你的皮鞋送到房間，放上紙條：「××先生，皮鞋已擦過」；鞋子旁邊還放上一張天氣預報，在上面寫著：「××小姐，今天有雨，請別忘記帶雨傘。」所以，當客人一面穿鞋一面計畫當天的活動安排，看到天氣預報時，心中一定會非常舒暢。

好像母親送你出門總不忘說聲：「路上小心呀！」、「今天有雨，帶把雨傘吧。」客戶怎能不銘記在心呢！

當客人來到賓館時，一列的服務人員會對你微笑、點頭、彎腰：「××小姐，歡迎您再次光臨本店。」當客人要離開賓館時，從老闆到職員，都在走廊門廳處站著：「再見，××先生，一路平安。」、「再見，××夫人，歡迎下次再來。」態度非常親切。

更讓人驚訝的是，凡是在F賓館住宿過的，哪怕只住一夜，當你第二次投宿時，從老闆到一般職員，都能說出你的姓名：「××先生，好久不見了，請！請！」、「××夫人，再一次見到您非常高興，請！請！」好像你是他們多年的老主顧。記住並說出客戶的名字，這就是F賓館成功經營的全部秘訣。

然而對於很多銷售人員來說，記住並說出客戶的名字都是一個挑戰。他們在與客戶交談時很少會說出客戶的名字，他們會用「您」、「夫人」、「先生」等等詞語來代替；在下次見面的時候，他們更難說出客戶的名字，代替的仍然是客氣的「您」、「夫人」、「先生」，這樣其實並不利於拉近彼此之間距離的。

要記住客戶的名字並不像有些人所想的那麼困難；只需三個步驟，就能具有超強的記憶力，隨時隨地說出客戶的名字。

首先，在第一次見面時請教客戶的名字。

很多人之所以說不出客戶的名字就是因為，在一開始就沒有搞清楚客戶的真實姓名。所以，要想避免日後的尷尬，銷售人員在與客戶第一次接觸時就應該弄清楚客戶的名字。

當你見到一位陌生人時，首先要請教他的名字。在對方說出自己的名字時，要仔細聽。如果沒有聽清楚，可以客氣地問：「您能再重覆一遍嗎？」如果還是不能確定，那就再來一遍：「不好意思，您能告訴我如何寫嗎？」不要以為對方會反感這種做法，相反，當對方看到你對他的名字如此小心謹慎時，往往會感覺受到了尊重。

其次，在交談中要不斷重覆對方的名字，而不要使用一些平常的代名詞。

在交談中使用對方的名字，不但會使談話顯得很有個性色彩，利於客戶接受，而且不斷重覆客戶的名字有助於記憶。聰明的銷售人員會用「莫斯拉夫先生，您出生在費城嗎？」來代替平常的：「您出生在費城嗎？」即使你不確定客戶的名字是否這樣念，你也可以請教對方：「莫斯拉夫先生，您的名字我念得對嗎？」人們通常樂意在第一次接觸時幫助你念對他的名字，但絕對不能允許你在以後的接觸中念錯他們的名字。

第三，如果一個人的名字很難記，可以使用聯想法來記得。

一位保險銷售人員的記憶力不是很好，為了避免遺忘，他總是隨身帶著記有客戶名字的記事本。但儘管如此，他還是很難在見到任何客戶時能及時說出他們的名字，因為很多情況下他根本是來不及查看他的記事本。在多次因為遺忘某位客戶的名字之後，損失了多筆保單，這位業務員不得不另尋辦法。

後來他發現，用客戶的姓名的諧音來記憶，非常方便或把客戶身上的特徵來和姓名相聯結。這個聯想的辦法使他不再依靠記事本，在用了這個方法後的銷售中，再沒有因為說不出客戶的名字而陷入尷尬。

發自真誠的關懷

請永遠記住：要想獲得超強親和力，就必須具有真誠的美德。很多銷售人員認為只要自己表面上顯得很熱情，很善解人意，就能為自己贏來親和力。事實上並非如此，表面上的親切並不能使客戶完全放鬆，只有真正真誠的人，才能做到這一點。親和力永遠需要真誠作為支援和後盾，沒有真誠就沒有親和力。

銷售人員的真誠是突破客戶心理防線的最有力武器。當客戶參加銷售人員的產品推薦會時，客戶會自然而然的產生防衛之心，再加上周圍的人都不認識，客戶的心理防線會更加牢固。

這時，唯有銷售人員的真誠才能幫助客戶放鬆心情，消除緊張。

下面這位化妝品銷售人員的親身經歷證明了這一點。

「一個星期五的上午」，這位銷售人員說：「我照例給預約參加周六美容課的客戶打電話確認。我給一位張小姐打電話，提醒她周六參加我們的美容課。可是對方卻回答說她周六已經有了約會，但不是參加什麼美容課。這時我意識到我可能打錯電話了。」

於是我說：「哎呀！您看，真是不好意思，我忙昏頭了，撥錯了一個號碼，耽誤了您這麼多時間，差點讓您產生誤會。」對方的反應也很友好，於是我向她發出了邀請：「既然是我的凸搥，差點耽誤了您的事情，我可不可以邀請您，如果您有時間，要不要來跟我們眾姐妹們一起度個週末呢？」對方顯然被我的真誠所打動，並對我們的美容課產生了興趣。於是我為她詳細介紹了我們的產品，最後她預約了我們下星期的活動。

打錯電話是每個人都曾有過的經歷，有時很讓人感到尷尬、莫名其妙。故事中的銷售人員卻沒有像平常人那樣尷尬地掛斷電話，而是用自己的真誠之心，化解了客戶的緊張和不滿，同時用自己的親和力贏得了一個好的機會，獲得了一個原本毫無關係的新客戶。

◎態度溫和，言詞親切。

很多銷售人員認為只有嚴肅的表情、強硬的話語才能使自己顯得專業、有權威，才能說服客戶，使其購買自己所推銷的產品。事實上，表情刻板的銷售人員往往會遭遇客戶的排斥而非熱情的回應。嚴肅和強硬只會加劇客戶不安和緊張，當客戶感到受到威脅時，他們是不會集中精神聆聽銷售人員講解的，他們最想做的就是趕快要這位銷售人員從自己的視線內消失。

要想給客戶好的印象，銷售人員必須態度溫和，言詞親切，給客戶一種朋友和家人的感覺，這樣，客戶才會放下戒備，暢所欲言，才會吐露出自己的真正需求。

◎握手不妨多握一會。

握手的姿態和力度可以很好的說明銷售人員的真誠程度。輕柔的握手表達出來的是不感興趣；壓碎骨頭式的握手經常被認為是強勢的代表。在拜訪客戶時要主動與其握手，而且不妨多握一會，讓客戶感覺被尊重和真誠的關心。

◎避免讓客戶感到不適和尷尬。

真誠的人總會積極主動地替別人著想。銷售人員在拜訪客戶的過程中，要盡量避免讓客戶感到不適和尷尬。要尊重客戶獨特的生活方式、與眾不同的行為模式，不要打探客戶的隱私，不要提客戶曾經犯過的錯誤，更不要白目到當眾揭客戶的短處。對於女客戶，最好不要追問她的年齡、體重等問題。

12 把握成交機會，促成交易

銷售是與客戶之間感情和智慧互動的結果，要獲得成交首先要有感情基礎。這裏的感情不是指親情、友情、愛情，而是一種基於信任和喜歡的認同感。只有客戶信任銷售人員，喜歡他所推銷的產品，才會促成交易。但只有感情還不太行，銷售人員還必須要有智慧。

銷售人員必須分析客戶未說出來的反應是什麼？誰是真正的決策者？客戶是否已經對自己所推薦的產品產生了興趣並已經下定決心購買。和客戶的第一次銷售談話時，彼此之間的瞭解還十分有限，然而即使在進一步瞭解彼此的過程中，還可能存在著誤解和偏見。

如果能憑藉智慧，消除這些阻礙成交的障礙，就有可能與客戶達成交易，甚至還可能因而實現一段長期的、穩定的、令人愉快的合作。

準確辨識成交訊號

絕大多數客戶不習慣主動提出成交要求。所以銷售人員在銷售的過程中，必須抓住時機，主動提出交易要求。

很多銷售人員對握於自己手中的這項主動權感到模糊難辨，因為他們不知道要在什麼時候提出交易要求。

如果客戶還沒有產生購買慾望，銷售人員就唐突地提出交易要求，客戶往往會感覺受到冒犯；如果在客戶購買慾望最強烈的時候，銷售人員未能發現並及時提出，又會錯過機會。

要想準確把握成交機會，銷售人員必須留心觀察客戶購買心理的階段性變化，如對產品產生興趣、主動和其他產品比較、提出異議、猶豫不決等等，這些都可能隱藏著成交的機會。

每個銷售人員要隨時關注潛在客戶的一言一行，透過客戶的外在表現去判斷其內心的真實想法，捕捉成交的訊號。成交訊號是客戶透過言語、行動、表情流露出來的購買意圖。因此，察言觀色，掌握客戶心理的變化，準確地識別成交的機會，是每一個銷售人員都必須具備的能力。

有位哲學家曾經說過這麼一句話：「一個人臉上的表情，可以顯露出他的本性。如果這個人欺騙了我們，那不是他的過錯，而是我們的過錯。」為什麼說是我們的錯呢？因為我們沒有敏感地察覺出這個人的欺騙意圖。任何人做任何事情都不是突然的，肯定會有一些徵兆。

人們常常掩飾自己內心的秘密，但他的眼神、舉止等，卻會不自覺地出現異常表現。正因為如此，銷售人員在和客戶打交道的時候，必須從客戶的言談舉止中，發現對方的心理活動。能否準確判斷出客戶內心的真實想法，將直接關係到交易的成敗。

當客戶的需求得到滿足，所有異議都已得到解決之後，客戶就會發出成交訊號，將銷售推向最終的成交階段。

眼神專注是渴望

最能夠透露購買訊息的就是客戶的眼神，若是客戶對產品感興趣，他的眼神就會顯現出渴望的光彩，而且目光會緊盯著產品不放。

例如當銷售人員說使用這項產品可以獲得可觀的利益或是節省大筆金錢時，客戶的眼睛如果隨之一亮，就表明客戶的認同點是在獲利上，此時客戶正顯露出他的購買資訊。

另外，客戶的表情，也是交易的溫度計。如果客戶聽完銷售人員的介紹，表現出舒展的表情，往往表示客戶已經接受了銷售人員的資訊，而且有初步成交的意向。如果客戶的眼神變得集中、面部表情呈現出凝重時，則表明客戶已經開始考慮成交了。

銷售人員一旦確定客戶有了成交的渴望後，就一定要把握好機會。進一步確認客戶希望得到的資訊，比如降價的空間、產品的售後服務、品質保證等等資訊，促使客戶下定決心。

動作是思想的延伸

銷售人員將宣傳資料交給客戶觀看時，若他只是隨便地翻看後就把資料擱在一旁，說明他對資料缺乏認同，或是根本沒有興趣，反之，若見到客戶的動作十分積極，認真閱讀，並頻頻發問與探詢，則是已經浮現購買訊號。

客戶透過動作表達成交訊號時一般有以下幾種：

◎頻頻點頭。

當客戶頻頻點頭，不管是禮貌地點頭還是讚賞地點頭，都是成交的大好訊號，銷售人員可以把握住這個時機果斷的向客戶提出成交要求。一般來說，客戶頻頻點頭卻不成交的情況是很少見的。

◎端詳樣品和細看說明書。

這個行為說明客戶對產品已經產生興趣。樣品和說明書都是產品的重要組成部分，當客戶對產品產生興趣時，銷售人員就可以主動向客戶詢問有什麼意見或建議，以求迅速達成交易。

◎身體向銷售人員前傾或用手觸及訂單。

這個行為說明客戶已經有成交的意向，並且在積極地想獲取進一步的溝通。此時銷售人員不應該再長篇大論，而應該長話短說，迅速達成交易。

◎變換姿態或調整距離。

當客戶坐得很遠或者雙手抱胸時，表明他的抗拒心理仍十分強烈。此外，斜靠在沙發上用慵懶的姿態談話，或是根本不邀請銷售人員坐下來談，只站在門邊說話，都是無意成交的反應。

反之，若是見到客戶對所說的話頻頻點頭應和，表情專注而認真，身體向前傾，即表示客戶有高度認同，兩人洽談的距離越近，客戶購買的訊號就越明顯。

詢問是動心

如果客戶為了某些細節而不斷詢問銷售人員，那也是一種購買訊號。若銷售人員可以將客戶心中的疑慮一一解釋清楚，而答案也令其滿意，那訂單馬上就會到手。

一般來說，**對產品感興趣、有交易傾向的客戶，會比較關注下列問題：**

◎使用方法和售後服務。

如果客戶詢問了產品的使用方法和售後服務，銷售人員就可以認為有成交的可能。這個時候是成交的關鍵時刻，銷售人員需要謹慎把握。

有些銷售人員在應對客戶關於產品功能和價格的詢問以後，便覺得客戶過於婆婆媽媽，回答起來便敷衍應付，這絕對是可能影響成交的。無論客戶提出什麼樣的問題，銷售人員都應該積極給予回應，這樣才能和客戶建立起和諧的互動關係，令客戶強化內心深處的交易訊號。

◎保養方法和使用注意事項。

客戶問到產品的具體操作事宜，則表示他已經開始準備購買該產品了。這時銷售人員需要對客戶的問題做出詳細、全面的回答。在回答問題過程中，盡量涉及到先前未曾提及的、需要客戶注意的事項，盡量說得全面些，以便讓客戶感受到銷售人員的熱情和對自己的真心幫助。

◎交貨期、交貨手續和支付方式。

詢問到這類問題，就表明客戶已經準備購買。在回答這類問題時一定要注意的問題就是，交貨期的決定權最好交給客戶，如：「您什麼時候方便，我們把貨給您送過來？」交貨手續要盡量簡單，即使很複雜的交貨手續，銷售人員也應該盡量簡單地將其表達清楚。支付方式必須簡單靈活，讓客戶能夠迅速理解並欣然接受。

◎價格和新舊產品比較。

產品價格是客戶比較關心的問題。當銷售人員向客戶報價時，客戶會對價格提出質疑，自然會涉及到新舊產品的比較。在回答這類問題時，千萬不要在客戶未對價格表示不滿時，自行降價。因為對於很多客戶來說，或許沒有要求降價的意圖，而銷售人員的自行降價會讓他們產生錯覺：「這麼容易就降價，那麼肯定還有很大的降價空間」，很多時候，堅持產品的價格，反而會讓客戶感受到產品的價值非凡，而不是便宜貨。

一名優秀的銷售人員不僅應該知道如何捕捉客戶的購買訊號，而且應該知道如何運用這些購買訊號來促成交易。

隨時準備成交

在商場上，有經驗的銷售人員會隨時觀察客戶，捕捉客戶發出的各類購買訊號。只要訊號一出現，就迅速轉入交易促成的階段。有些銷售人員認為不把銷售內容講解完畢，不進行操作示範，就不能使客戶產生購買慾望，事實上並非如此。

成交原本有一個過程，即：介紹產品、解釋問題、進入談判、成交。但事實上，許多交易都不完全按照這些步驟進行的，真正的交易可以在任何一個階段完成，成交機會無處不在。如果銷售人員能夠辨別並把握住客戶產生的購買訊號，交易就能提前完成。

所以，優秀的銷售人員從洽談一開始，就會注意顧客的反應，捕捉成交的資訊，隨時準備成交。只要銷售人員覺得已經引起了客戶的購買慾望，就應當嘗試著去促成交易。如果客戶還存有顧慮，銷售人員就應該傾聽客戶的意見，鼓勵客戶多說話，多提意見。

尼爾·麥克瑞是傑出的保險銷售人員，他認為成交是銷售中最重要的部分。他把成交的過程比喻成打高爾夫球，成交就是最後的推桿進洞。若能以較少的桿數將球推進，即使前面落後了一些，你還是可能會贏得勝利的。同樣的，交易過程進行得越迅速，越能證明銷售人員的本事非凡。

尼爾．麥克瑞根據許多成功的銷售的經驗發現，一位傑出的銷售人員，如果必要，在每一次的交談中，應該嘗試四到八次的成交提議。這種一而再的嘗試，正是成功銷售的秘訣。

尼爾．麥克瑞本人也深諳此道，在每一次的洽談中，尼爾．麥克瑞都會進行多次成交嘗試。在每次的嘗試中，他都盡量讓客戶說話，因而探知其是否已有了購買的意願。尼爾．麥克瑞說，假如在多次的嘗試中，客戶都給予否定的回答，並不表示這筆交易就沒希望，那僅僅表示在那一刻，客戶尚無意購買而已。

在每一次銷售新產品時，尼爾．麥克瑞都在做了初步的解說後便暫時停止介紹。且用積極的態度引導客戶來促進銷售：「您覺得如何？您現在對我的產品有何意見？」對於他的問話，客戶一般都會給予具體的意見，或是喜歡、或是否定、或是提出一些建議等等，這些都是影響交易的重要資訊。

尼爾．麥克瑞在銷售時，總是邊講邊問，他認為一般有購買需求的客戶，在銷售人員介紹完基本資訊後，就已經有了想法。所以尼爾．麥克瑞適時的發問，往往會使他們下定決心購買。

讓客戶多說話，是很高明的銷售手段，因為客戶在一些關鍵問題的回答時，往往就能透露出內心的真實想法。因此，銷售人員需要有靈敏的觀察力，從客戶的回答中，找出那些隱藏其後的重要資訊。

比如，當客戶說：「現在馬上就買，可能辦不到」，或者「每個月分期付款，我也沒有辦法買」、「你的東西很一般嘛，還那麼貴」時，銷售人員一定要清楚，客戶說的這些話不是拒絕購買之意，實際上他們是想買，只不過希望在價格上有所降低。

捕捉到這些資訊後，銷售人員要能迅速做出反應。如果有降價的空間就盡量滿足客戶的要求，儘快進入交易階段。如果已經無降價的空間，就可以把談話的重點放在說明產品的價值上，讓客戶明白產品的價格是合理的，而且是物超所值的。

成交訊號可能在銷售的任何階段出現，只要銷售人員發現客戶對產品產生興趣，就可提出交易要求。要想判斷客戶是否已經對產品產生了興趣並不困難，只要留心觀察客戶的表情，就可獲知。

如果客戶的表情豐富，態度也不是不好，而且目光緊緊盯著產品看，那麼毫無疑問，他對產品是有興趣的。

這時，銷售人員千萬不要打斷客戶的思路，更不可瞪大眼睛盯著客戶看，因為這樣很可能使客戶馬上轉移視線，而原先準備購買的念頭，也會隨著視線的迴避而消失。在這種情況下，銷售人員應該盡量表現得自然些，用親切的口氣，講述該產品更多的優點，進一步強化其對產品的興趣和購買慾望。

當客戶的眼睛不是盯在產品上而是四處觀望，心不在焉，並且不配合銷售人員問話時，就表明此刻他還沒有購買的興趣。此時銷售人員最應該做的就是適當調整自己的講解策略，想辦法使客戶的目光集中在產品上。只要他肯看、肯聽，交易就有希望了。

不管銷售進行到哪個階段，只要潛在買主在交談過程中表示接受你的建議，露出成交的意圖時，銷售人員就應該馬上採取行動，提前進入交易階段。否則，得來不易的機會很可能就會失去。因此，在訪談客戶、推銷產品的時候，應將全部注意力集中在客戶身上，打開你身上所有的感覺接收器，仔細地觀察和接收客戶發出的心理資訊，準確辨別成交資訊並加以把握，這樣成交必定牢牢掌握在你的手中。

13 要適可而止，不要過度推銷

如果銷售人員沒有向客戶做充分的介紹，客戶也沒有清楚地瞭解你的產品，因此對產品沒有產生興趣，毫無疑問的，客戶是不會購買的。相反的，如果客戶已經認識產品，而你還在喋喋不休地忙著介紹，說不定也是會失敗的。在銷售的過程中，銷售人員必須注意客戶的反應，一旦對方已經對產品產生了購買慾望，就應該當機立斷，提出成交的請求。

過度的推銷只會引起反感

過度推銷只會引起客戶的反感，反而使銷售功虧一簣。

有一次，電腦銷售員小張前去拜訪一所大學的電算中心主任。小張覺得這是成交希望最大的客戶，因此在出門前，做足了充分的準備。在和電算中心主任寒暄後，小張拿出新型的筆記型電腦，一面向主任詳細地介紹產品，一面為主任示範筆記型電腦的功能。

「你能把筆記型電腦給我自己看看嗎？」這時，主任打斷了小張。於是，小張把筆記型電腦遞給了主任。

主任接過筆記型電腦操作了一番後，對小張說：「很不錯啊。」

「是的，這款是最新的產品，它體積小，功能強，具有……」小張接過了話，並大談筆記型的特點和性能。

「哦，我已經知道了。這樣吧，我現在還有點事，改天我回你電話吧。」十分明顯的，主任是在委婉地拒絕了小張。

「那我等您電話。」最後，小張只好抱著萬分之一的希望離開了主任的辦公室。

後來，意料之中，小張並沒有等到電算中心主任的電話，最大的希望變成了最後的失望。為什麼會這樣呢？原因是小張的推銷過頭了。當主任表示了對產品很感興趣時，小張還在一味地介紹產品的特點和功能，而沒有將推銷推向新的階段。如果小張在主任說「很不錯」的時候，直接提出：「對呀！這麼好的產品，您為什麼不買呢？」那就很有可能當場成交。

很多銷售人員擔心說服不了客戶，商品優點如數家珍，非要將商品的特性及優點徹底講清楚說明白，好讓客戶感動。沒想到我們一般講話的速度最快也不過每分鐘二百個字，而客戶腦中思考的速度是每分鐘四百五十個字；講得越多，客戶就在滔滔不絕的時候，老早已想好拒絕的藉口了。

從事銷售健康食品的小珍，開始推銷以來，曾經花了二、三年的時間，每天講得口乾舌燥，卻換來客戶一聲冷冷的回應：「好吧！讓我想一想妳講的好處後，再打電話給妳！」結果幾乎沒有一個是打電話來說要訂購的。小珍用二年的時間，體會到推銷要適可而止，針對客戶的健康狀況，說明健康食品的用途即可，如今她銷售的業績，與日俱增，原因無他，「對症下藥，藥到病除」罷了。

說的越多，被拒絕的機會就越大

銷售人員與客戶之間溝通的形式，九九％是靠言語來進行的。所以，銷售人員一定要學會運用言語來進行交流和溝通。言語溝通就是把資訊準確而令人信服地傳達給客戶，並說服客戶接受建議。

而銷售人員和客戶的言語溝通，和平時的人際之間的交流又有很大的不同，前者是有著明顯的目的。

作為銷售人員，在與客戶交談時，就是要讓他接受你的觀點，也就是要改變他。但客戶是否接受你的觀點，並達成交易，並非銷售人員單方面所能左右的。換句話說，溝通的目的是否能夠實現，通常還是取決於客戶的感受和認同。很多銷售人員不重視這個問題，認為只要把自己的意思說清楚，溝通的任務就算完成了，這種想法並不正確。**銷售人員與客戶的溝通是雙向的交流，它的成敗並不取決於你說了什麼，而是取決於客戶對你的感覺。如果客戶不接受你，即使你說得再多再好，也沒有任何實質意義。**下面我們來看看一位客戶在電腦資訊場購買筆記型電腦時的經過。

客戶：你好，我想看看筆記型電腦。

銷售員：您好，歡迎光臨。為了您能更好地瞭解我們公司的產品，我先向您介紹一下。您光臨的×××資訊賣場，我們代理的是×××電腦公司的產品。×××電腦公司擁有高品質的電腦產品和完善的售後服務。在二〇一一年，我們代理的產品還獲得「消費者最信賴產品」的殊榮。我們將為您提供一流的服務，我們的服務宗旨是一切為了客戶，為了客戶的一切……。

客戶：唔？你能把這款產品給我看看嗎？

銷售員（拿出產品，遞給客戶）：這款產品是×××公司的最新產品，具有很多的功能，比如無線上網，讓你連線更方便。如果你購買這款產品的話，可以享有八折優惠，另外，我們還有回饋贈品，其中有電腦背包、光電滑鼠……。

客戶（不耐煩地看了一眼銷售人員）：好，我再看看別的吧。謝謝！

看完這段對話，你一定會哭笑不得。但很多的銷售人員在實際的推銷時就是這樣做的，當他們見到客戶時，總是迫不及待地向客戶介紹自己的公司和產品，生怕客戶未能瞭解所有的細枝末節。然而恰恰因為銷售人員言語的過長沒重點，才會遭到了客戶的白眼。事實上，沒有一個客戶願意聽一位銷售人員向自己滔滔不絕的講述。

美國一份民眾對推銷人員評價的調查報告顯示，人們最討厭的推銷人員就是：一見面就喋喋不休地談自己的產品與公司，千方百計向客戶證明自己的實力與價值。

銷售人員要懂得與客戶溝通品質的好壞，並非決定於說了多少，而取決於你和你的產品被客戶瞭解了多少。推銷不是給客戶上課，說的越多，受到客戶拒絕的機會就越大。所以在向客戶銷售時，一方面要挑選重點，力求簡潔，另一方面要積極的引導客戶去說。

很多人認為，要想成為一個好的銷售人員，首先必須能說。但在實際銷售過程中，客戶很難被「能說」的銷售人員所打動，「說」，在整個銷售過程中的效果正在逐漸遞減。而且在客戶所能獲得的資訊越來越多，擁有的主動性越來越強的今天，客戶能夠忍耐銷售人員「說」的時間越來越短。

總之，客戶對在銷售過程中，「說」個不停的銷售人員已經產生了抗體，銷售人員光靠「說」的功夫來達到成交的目的，已經成為不可能的任務。

再來看個成功的案例比較一下不同的地方。

一位銷售人員看到一位顧客在傳真機櫃檯轉了好幾圈，於是他便走上前，問說：「先生，請問，您是要購買傳真機嗎？」

客戶：是的。我想買台傳真機在家裏使用。

銷售員：家裏使用體積小一點的比較好，是吧？

客戶：是的，要是能不占地方就最好了，哈哈。

銷售員：我想它不需要有太多花俏的功能，您認為呢？

客戶：是的。便宜一點的就行。

銷售員：嗯，功能越小，體積越小，且安裝方便，性能穩定，故障少。應該只要具有傳送和接收的功能就可以了吧？

客戶：對，只要能傳、能收就行。

銷售員：先生，這台S型家用傳真機是目前體積最小、具有傳送和接收功能的傳真機，推出市場才一年半，品質相當穩定，安裝、操作都非常方便，適合家庭使用，您看這台如何？

客戶：我覺得很不錯，不知道價錢如何？

銷售員：價錢也很實惠，一千九百元而已。您肯定不會認為它很貴，是嗎？

客戶：嗯，好的。麻煩幫我拿一台新的。

與上文提到的那位在電腦資訊場購買筆記型電腦的客戶相比，這位客戶幸運很多，他有足夠的時間和機會充分表達自己的願望和要求，而那位善解人意的銷售人員還十分體貼地幫自己做出了最理性的購買決策。

其實不管是銷售傳真機還是筆記型電腦，甚至僅僅只是銷售筆記簿，傾聽─讓客戶充分表達自己的意見和想法都是重要的。

一名優秀的銷售人員絕對不是一個能「說」的銷售人員，而應該是能聽且會說─少說、簡潔，並引導客戶去說的銷售人員。

成交的理由只有一個

銷售員：「也就是說，您聽說過『三A』公司。但是，您還從沒有使用過『三A』的產品？」

客戶：「沒有……！」

銷售員：「那是為什麼呢？」

客戶：「嗯，你們公司離這裡太遠了，我想可能不方便……」

銷售員：「這就是唯一的原因嗎？……」

客戶：「真的！可以這麼說……因為，你們的產品口碑很好！」

銷售員：「這麼說，如果我們能夠保證及時到貨，我們是可以合作的……」

在這個例子中，銷售人員找到了成交的最關鍵的理由。

這個例子給了我們的最大啟示是：即使只有一個理由能使客戶信服，那麼我們就無需多加上第二個。在銷售過程中，只要掌握關鍵就可以促成交易。那是因為：

※每一個賣點都可能有漏洞，多一個賣點就可能讓客戶多找出一條拒絕的理由。

※如果客戶反覆聽到自己已經瞭解或者熟知的內容，那麼他們會不由自主的感到厭煩。

※每一個多餘的賣點都可能讓客戶感覺自己是不需要它的。

有一位銷售人員，他推銷的是一種家庭用的彩色印表機。這位銷售人員專業知識十分豐富，而且他還為自己的產品感到非常驕傲。在進行產品介紹的過程中，為了證明產品的優秀品質，給客戶出示了很多這種印表機列印出的樣品。這些樣品顯然吸引了那位客戶。

客戶興奮地說：「這款印表機非常好！我什麼時候可以使用它？」

這時本來可以成交的，這位銷售人員卻意猶未盡，接著說：「先不用談這個問題，先生！我們還沒講到那兒呢！我還想給你介紹一下，我們的這款印表機的原理呢！」

緊接著，又滔滔不絕的介紹起來，過了三十分鐘之後，到了要簽訂單時，客戶認為這款印表機太貴了。最後，這名銷售人員儘管得到了許多讚譽，但是卻丟掉了這份訂單！

如果客戶已經決定購買，那麼我們就要儘快地來完成銷售。

只有自信才可避免過度推銷

通常銷售人員之所以會過度推銷，並不是因為他們沒有看到成交的時機，而是因為他們害怕遭受到客戶的拒絕。

如果銷售人員對自己缺乏信心，因此而感染給客戶，也會使客戶變得疑慮重重，猶豫不決，那麼要成交就遙遙無期了。在面對過度的推銷時，客戶會在心裏想：「我都要買了，他為什麼還要繼續介紹下去呢？一定有什麼事情瞞著我。」「我現在買合適嗎？」等等。結果，銷售人員說得越多，客戶的反感和不信任就越強烈，最後成交的機會也就越來越渺茫。當成交的時機出現時，成功的銷售人員會充滿自信地向客戶提出成交要求，而不是繼續向客戶進行推銷。

14 重視持續的跟催與例行拜訪

大部分的銷售通常都不是在第一次交談之後就有結果的，所以不要奢望在向客戶介紹完產品後，客戶會微笑著對你說：「太好了，我正需要這種產品，請問如何付款，我什麼時候能夠使用它。」

要成交，必須學會跟催

一家企業用了兩年的時間，依靠銷售團隊完成一項研究。最後他們吃驚地發現：有二五%的銷售是銷售人員在五次跟催拜訪後完成的。報告同時顯示，有八三%的銷售人員在第五次拜訪前就放棄了。

無獨有偶，美國專業營銷人員協會和國家銷售執行協會的調查也發現了這一現象，他們的調查顯示：

二%的銷售是在第一次接洽後完成；

三%的銷售是在第一次跟催後完成；

五%的銷售是在第二次跟催後完成；

一〇%的銷售是在第三次跟催後完成；

八〇%的銷售是在第四次至十一次跟催後完成！

但八〇%的銷售人員在跟催一次後，就不再進行第二次、第三次跟催了。少於二%的銷售人員，會堅持到第四次跟催。所以，要想做一個成功的銷售人員，就必須學會持續的跟催。

有這樣一個生動的實例：有個人看到招聘廣告，在應徵截止的最後一天，他向這家公司寄了個人的履歷表（最後一天寄履歷表的目的，是使他的履歷能放在一堆應徵者資料的最上面）。一週後，他打電話來詢問是否收到他的履歷表（當然是安全送達）。這就是跟催。四天後，他打來第二通電話，詢問公司是否願意接受他新的推薦信（西方人對推薦信格外重視），這家公司的回答當然是肯定的。這是他第二次跟催。

再兩天後，他將新的推薦信傳真至這家公司人力資源部的辦公室，緊接著他的電話又跟過來，詢問傳真內容是否清楚。這是第三次跟催。這家公司對他專業的跟催能力印象深刻，最後他如願以償地成為了這家公司的一員。

客戶做出交易決定對於銷售來說無異於一次躍進，但這並不意味著交易就完全成功了。因為從做出交易決定，到最終完成交易往往還需要一段時間，這中間還有很多的變素，適時的跟催是十分重要的。

跟催工作會使客戶對你的印象深刻，同時能加強他們交易的念頭。此外還可能給你帶來意外的收穫。

一位客戶在銷售員的幫助下買了一棟大房子。房子雖說不錯，可是價格不菲，所以總有一種買貴了的感覺。幾個星期之後，房地產銷售人員打來電話，說要登門拜訪，這位客戶不禁有些奇怪，因為不知道他來有什麼目的。

星期天上午，銷售員來了。一進屋子裏就祝賀這位客戶買了一棟好房子。在聊天中，銷售人員講了好多當地的小典故。又帶領客戶繞著房子外面轉了一圈，把其他房子指給他看，說明他的房子為何與眾不同。還告訴他，附近幾個住戶都是有身分地位的人。一番話，讓這位客戶疑慮頓消，內心得意滿懷並且認為值得。那天，銷售人員表現出的熱情甚至超過賣房子的時候。他的熱情造訪讓客戶大受感染，這位客戶確信自己買對了房子，心裏很開心。

一週後，這位客戶的朋友來家裏玩，對旁邊的一棟房子產生了興趣。自然，他介紹了那位房地產銷售人員給朋友。結果，這位銷售人員又順利的完成了另一筆生意。

學會跟催服務客戶，慢慢的會累積一大群客戶的資源。跟催工作能使客戶記住你，一旦客戶有任何想法或機會，首先會想到的就是你。

跟催工作要注意使用正確的策略。跟催的主要目的是促成銷售，但形式上絕不是我們經常聽到的「您考慮得怎麼樣？」策略不當會出現負面的效果：注意兩次跟催時間的間隔，太短會使客戶厭煩，太長會使客戶淡忘；每次跟催切勿流露出成交的渴望。調整自己的思維模式，試著幫助客戶解決他所關注的問題，瞭解客戶最近在想什麼？工作進展如何？每次拜訪前要找一個合適的理由等等。當然，最重要的是塑造自己獨特的跟催方法，這樣才能提升銷售業績。

不能忽視例行拜訪

很多經商的人都知道，老客戶對營業額的提升是最重要的，但是在銷售行列裏，我們卻經常聽到：「進門來，推銷；出門去，走向下一位客戶。」這種短視買賣的生意經。如果你想成為一個頂尖的銷售人員的話，千萬不要這樣做。所有的銷售人員的經驗顯示，新的生意幾乎都來自於老客戶，而且任何一種行業都幾乎如此。

在如何對待老客戶的問題上，銷售人員常常會犯以下的兩個錯誤：第一，銷售不需要老客戶；第二，即使需要，老客戶是熟客，關係穩定，不會有流失的危險，不需要花太多的時間在他們身上，把時間放在他們身上還不如開發幾個新客戶。

所以絕大部分的銷售人員都把大部分時間和精力花費在尋找新客戶身上，而忽略了對老客戶的例行拜訪追蹤。殊不知，開拓新客戶固然很重要，但是如果因此而丟掉了老客戶，就將得不償失了。

小王是一家健身器材公司的銷售人員，他的銷售對象是住在豪華的別墅裏的那些有錢的人。每天他都奔波在尋找新客戶的路上，以至於根本沒有時間去處理老客戶的問題。一些買了小王公司器材的人，總是抱怨公司的服務太差，因為他們多次反應產品的品質問題，卻老是得不到任何的回應。

小王非常勤奮也很熱情，他對每一個可能的客戶打招呼，並且留下自己的名片，但奇怪的是前一陣子這些有錢人還對健身器材非常熱衷，但現在卻似乎不再感興趣了，客戶的冷漠反應使小王的銷售業績直線下降。

正當小王迷惑不解的時候，他遇見了自己的同事—在另一個社區賣同樣器材的小徐。小徐的客戶名單上的名字是滿的！小王不解：他並不比自己做的時間更久啊，怎麼客戶群卻這麼龐大？當他得知小徐每天三分之二的時間都是和老客戶一起度過時，小王更加的困惑。

他不解地問小徐：「你的大部分時間都浪費在跟過去的老客戶的交際上，很少有時間去開闢新的市場，怎麼會有這麼多的客戶呢？」「老兄，別說得那麼難聽。」小徐微微一笑，「與老客戶交際怎麼能叫浪費時間呢？」

小王：「他們買過你的器材一次，基本上就不會買第二次了嘛！」

小徐：「不錯，大部分的人是不會再買第二套健身器材，但是他們的朋友會買第一套器材啊？當他們感到我的服務還不錯的時候，他們會向親朋好友推薦自己使用過的產品，順便也會推薦我啊。我的好多客源都是老客戶所推薦的呢！」

小徐的話讓小王茅塞頓開，他心想，看來自己得改改錯誤的銷售觀念了。

其實，生活中有很多銷售人員都犯了和小王一樣的錯誤觀念，認為很多交易只會發生一次，因此只追求銷售的成交，而忽視或者省略了售後的追蹤和服務。

對已售出的產品不聞不問，對老客戶不加理睬，是銷售人員喪失有價值的客戶資源的重要原因。

「口碑」是銷售的命脈，而優質的售後服務、必要的例行拜訪，絕對是深耕優質客戶的有效方法。

對老客戶的例行拜訪和售後服務，固然不會在短期內具體獲利，表面看起來似乎是虧本的買賣，可是若是從長遠的角度來看，銷售人員在老客戶身上所花費的時間和精力都不是白費的，也都一定會有所回報。

據調查，維繫老客戶的費用是開發新客戶的八分之一。一位銷售專家指出，失敗的銷售人員常常是用新客戶來取代老客戶，而成功的銷售人員則更加重視保持現有客戶並且擴充新客戶。

事實上，後一種銷售人員的銷售額往往越來越多，銷售業績也越來越好。

美國哈佛商業雜誌發表的一篇研究報告指出：

一、銷售人員八〇%的銷售業績來自於其二〇%的客戶，這二〇%的客戶是銷售人員長期合作的關係戶。如果喪失了這二〇%的關係戶，那麼銷售人員將會喪失八〇%的市場。

當產品普及率達到五〇%以上的時候，更新購買和重覆購買則大大超過第一次購買的數目。這些表明，銷售人員若能吸引住老客戶，讓老客戶經常光顧，其銷售額倍數成長的機會就更大。

二、維繫老客戶可節省推銷費用和時間，因為，維持關係比建立關係更容易。據美國管理學會估計，開發一個新客戶的費用是保持現有客戶的六倍。因為進行一次個人銷售訪問的費用，遠遠高於一般性客戶服務的費用。維護老客戶，是降低銷售成本的最好方法。所以，銷售人員必須建立的一個觀念：老客戶是最好的客戶，一定要讓第一次購買你產品的人成為你終生的客戶。

三、幾乎所有的銷售明星的銷售秘訣之一就是：避免失去任何的一個客戶。

開發新的客源本無可厚非，但是值得注意的是，銷售人員不應該把開發新的客源建立在拋棄或忘掉老客源的基礎之上。對於新客戶的銷售只是錦上添花，如果沒有老客戶做穩固的基礎，對新客戶的銷售也只能是彌補失去的老客戶的業績，總銷售量是不會增加的。

美國著名推銷大王喬・吉拉德每個月要給他的一萬三千名客戶每人寄去一封不同大小、格式、顏色的信件，以保持與客戶的聯繫。正是這小小的一封信，使很多人成了喬・吉拉德的終身客戶。

製造再次拜訪的機會

銷售界有句俗話：「第一次拜訪的結束，是第二次拜訪的開始。」新手或不熟練的銷售人員失敗的原因之一是，沒有創造一個再次拜訪的機會就回家了。而一般貴重商品除了很幸運的機緣，否則一次拜訪就成交的實在是少之又少。特別是高價商品如：汽車、房屋等，拜訪三、四次乃至十次以上才成功的例子是司空見慣的。

那麼，如何在臨別時製造再次拜訪的機會呢？需要針對具體情況因事、因人而異了。

◎對待優柔寡斷的客戶要明示再次拜訪日期的時間。

一般而言，女客戶通常是屬於優柔寡斷型的，也就是說女性大多數購物時總是猶豫不決，所以只要還有一線的希望，都應該再做一次的拜訪。當臨別時，應該說：「好，下星期天十二點左右我再來更詳細地說明。」具體指明時間，以觀察對方的反應，如果對方沒有反對就表示默認了；如果對方說：「不行，下個星期我沒空……」你就說：「那麼下下個星期天我來打擾好了。」在這樣的追問下，才能敲定下次拜訪的時間。

◎對於自主果斷型的客戶就要由他來決定。

個性獨立而自主果斷的人，多半不喜歡被人安排指定約會的時間。對於這種人，可以先試探：「下星期天或哪天我再來做一次說明？」或「什麼時間來比較恰當？」盡量避免侵犯他的自主權。

◎暗示下一次一定會再訪。

如果首戰失利，千萬不要以為下次不能再來拜訪。如果對方很淡地說：「我們目前不需要這個東西。」千萬別灰心，可以接著說：「好的，既然如此，下次我再帶××型的產品來供您參考。您認為不合適也沒關係。」這樣不就創造了再次訪問的機會了嗎？

期待一次的拜訪就能成交是無知的，以為下次再也走不進這個門，那更是愚不可及。聰明的銷售人員一定會與已拜訪的人結下不解之緣，一次、二次乃至數次去拜訪。

例行拜訪與適時跟催的黃金法則

一般說來，售後的拜訪和跟催可分為：「定期巡迴拜訪」和「不定期拜訪」兩種。

「定期巡迴拜訪」多半適用於技術方面的維修服務，如家電業及資訊產業等，公司通常會定期派專員做維修保養方面的服務。

「不定期拜訪」也稱為「問候拜訪」。這種售後的拜訪，通常是銷售人員一面問候客戶，一面詢問客戶產品的使用情況。

銷售人員最好在事前擬定好拜訪計畫，定期而有計畫地做好拜訪和跟催。銷售成交後，真正的拜訪和跟催也就開始了。在例行拜訪的最初階段，聰明的銷售人員一般都會採用「一、三、七」法則。

「一」即是在售出產品後的第一天，銷售人員就應該要和客戶及時聯繫，並詢問客戶是否使用了該產品。如已經使用，則應以關懷的口吻詢問，有無使用上的問題。這時「適當的稱讚和鼓勵」有助於提高客戶的自尊心和成就感。如果沒有使用，則應弄清楚原因，並見招拆招地消除他的疑慮，助其堅定信心。

「三」是指成交隔三天後再與客戶聯繫。一般來講，使用產品後的三天左右，有些人已對這一產品產生了某種感覺和體驗，銷售稱之為「適應期」。這時如果銷售人員能打個電話給他，幫他體驗和分析適應期所出現的問題並找出原因，對客戶無疑是一種安慰與肯定。

「七」是指隔七天後與客戶聯繫。在銷售人員和客戶成交後的七天左右，銷售人員應該對客戶進行當面拜訪，並盡可能帶上另外一套產品。當銷售人員與客戶見面時，銷售人員應以興奮、肯定的口吻稱讚客戶，誠懇而熱情地表達客戶使用該產品後的變化或感受。在這個過程中，萬萬不可做出無中生有、露骨的奉承，而應該適當的、恰到好處的稱讚，客戶一般都能愉快地接受。若狀況較佳，銷售人員則可以順利推出帶來的另外一套產品。

例行拜訪的關鍵細節

例行拜訪時，銷售人員要重視其中的關鍵細節，以便與客戶保持長期的聯繫。

◎經常打電話。

電話是銷售人員與客戶溝通的最便捷的途徑，只需幾分鐘就可以建立起與客戶的聯繫。在例行拜訪和跟催服務時，電話也是一種應用最廣泛的工具。銷售人員藉由電話，可以將所要說的事直接告訴客戶，並立即得到客戶的答覆，這樣不僅可以節省彼此的時間，也能達到快速溝通的目的。

◎書信郵件拜訪。

書信郵件也是一種重要的聯繫方式，雖然它比電話慢，但是作為售後拜訪和跟催服務的一種方式，它也有許多優點：

※書信郵件的資訊容量大。

※書信郵件可長可短，靈活自如。

※書信郵件最能表達人與人之間的真誠，最能巧妙地撥動客戶的心弦。

◎登門拜訪。

登門拜訪可以和客戶面對面交談，交換自己與客戶的各種想法，也可以隨時變換話題，找到客戶興趣所在。好處是靈活性較大，可以發揮銷售人員隨機應變的能力。

◎約會見面。

銷售人員對客戶例行拜訪和跟催時，也可以採用約會的形式。將客戶約出來在某一個地方見面，詢問客戶一些產品的使用情況。

當然，銷售人員要想透過與客戶約會的形式，來進行售後的拜訪和跟催服務，要注意幾個問題。

首先要「約」。銷售人員首先要預約其客戶。「約」可以給客戶有選擇時間的自由。讓他自己選擇時間，這樣可以激發客戶的積極性，主動與你配合。「約」可以讓客戶有一個充分的心理準備。客戶有了心理準備，加上銷售人員的準備，一個各有準備的會談會有較好的結果產生。

其次要「會」。即要守約，在約定的時間到達約定的地點，銷售人員守約，客戶會感覺到他是一個很守信用的人，進而對他產生信任感，並樂於與其打交道、做生意，會談也就易於成功。

最後，要選擇一個好的約會地點。一般來說這個地點應該選擇比較舒適、輕鬆的地方，在必要的情況下，可以讓客戶自己去選擇。

總而言之，對於銷售人員而言，例行拜訪和跟催服務的完美周到，能使客戶信心大增，並願意與自己保持長期穩定和諧的關係。

15 贏得客戶的認同與信賴

在銷售過程中，人和產品同等重要。客戶在做出購買決定時，不僅要看產品的品質、功能，而且還會評核銷售人員這個人，據美國紐約銷售聯誼會統計，七一%的人從你那裡購買產品，是因為他們喜歡你、信任你。一旦客戶對你產生了喜歡、信賴之情，自然而然會接受你的產品。

反之，如果客戶喜歡你的產品但不喜歡你這個人，買賣也很難做成。銷售人員要能把自己推銷給客戶，客戶才會願意聽你介紹你所要推銷的產品，才會為銷售人員提供一個產品銷售的機會。

誠實是贏得客戶好感的最好方法

客戶與銷售人員打交道時，首先是「人品」而不是銷售人員，向客戶推銷個人的人品，最主要的是向客戶推銷你的誠實。**現代銷售是「說服式銷售」而不是「欺騙式銷售」**。

世界上最偉大的汽車銷售人員喬．吉拉德說：「任何一個頭腦清醒的人都不會賣給客戶一輛六汽缸的車子，而告訴對方他買的車子有八個汽缸。客戶只要一掀開引擎蓋，數數配電線，你就死定了。」因此，銷售的最高指導原則就是「誠實」，也就是古人早先經商之道──「童叟無欺」。

日本美津濃公司是一家體育用品公司，它在生產的每一件運動服口袋裏都附上一張說明，內容是運動服雖然用了最好的染料，染色技術也是一流的，但時間久了仍不可避免會褪色，並向客戶致歉。美津濃公司這種坦誠的做法贏得了客戶的信賴，產品的銷售量在日本一直名列榜首。

美國吉列公司以生產銷售吉列刀片而聞名於世。他們在廣告詞中坦誠地向客戶介紹，吉列刀片最大的特點是鋒利耐用，但缺點是容易生銹，唯有用後擦乾保存，方能避免刀片生銹。吉列公司的坦誠宣傳也博得了客戶的信任，人們爭相購買這一系列產品。

銷售人員必須坦誠地告知客戶產品的優缺點。喬治．亞當斯就這樣說道：「最聰明優秀的銷售，總是誠實地對待客戶，坦言其所有規章，告訴對方各種優缺點。」在介紹產品時，銷售人員有義務讓客戶對產品有更客觀的認識。這也就意味著銷售人員必須客觀地描述產品——既不誇大優點，也不粉飾其缺點。

從人的共通性來看，沒有人喜歡失望，但對驚喜卻情有獨鍾。在介紹產品時，只談優點不談缺點，或誇大優點粉飾缺點的作法，會讓客戶對產品產生錯誤的假象。這種假象會促使他們買下這個產品，但在實際使用後，產品真實的品質就會顯露出來。而產品的實際表現與他們的預期是完全不同時，就會讓他們失望，而失望又會促使他們不再相信這個銷售人員的任何其他產品。

信守諾言

銷售人員要讓客戶覺得自己誠實可信，還必須信守諾言。銷售人員常常藉由承諾客戶的要求來消除客戶的疑慮。如：承諾品質保證，保證賠償客戶的損失；答應在購買時間、數量、價格、交貨期、服務等方面給客戶優惠。銷售人員在不妨礙推銷工作的前提下，不要做出過多的承諾，同時要衡量自己的承諾是否符合公司的規定，千萬不要亂開空頭支票，以免壞了個人的信用，也賠上公司的商譽。

充分瞭解產品特性

當銷售人員對產品的各種相關知識能徹底瞭解並予以掌握時，便能迅速的為客戶解答疑問，此時不但可以增加自信心，還可以取得客戶的信任。

對於銷售人員來說，瞭解產品的專業知識是推銷的重要前提。一個銷售人員如果對自己的產品只是一知半解，而希望客戶不加以詢問就掏錢購買，這簡直是異想天開。

為了進一步獲得客戶的信賴，銷售人員可以向客戶出示有關產品的保證書，還可以將已經簽下的訂單和客戶的簽名，複印放在資料夾，也可以利用各種剪報提供客戶翻閱，客戶就能在不知不覺中地信任銷售人員和他的公司。

任何銷售技巧的基礎建立在於對產品的充分瞭解。銷售人員應該為自己的產品設計一些賣點，這些賣點必須是能夠吸引客戶注意產品本身的優點。銷售人員沒有必要面面俱到地介紹產品如何好，只需將充分瞭解產品的賣點說出來，就能夠很快地引起客戶的購買慾望，且不需畫蛇添足地介紹產品，因為如此做往往會適得其反。

稱讚競爭產品的優點

對銷售人員來說，不僅要熟悉自己所推銷產品的優點和缺點，更要熟悉競爭對手的產品和替代品的優缺點，因為**世界上沒有最好的產品，只有更好的產品**。

如果對競爭的產品優點視而不見，或只是一味地指責，可能會引起客戶的反感，稱讚同行會讓人覺得不僅有氣度，更是真誠可靠的人，相對的選購產品的機率就提高了。

懂得關心客戶

一流的銷售人員是真正懂得關心客戶的人，所以千萬別一見面就擺出要談生意的面孔，那會使對方反感；盡量和客戶交朋友，使其感受到你的真誠。客戶喜歡和關心他的人做朋友。

美國有一位推銷保險的銷售大師，曾經一年推銷十億美元的人壽保險。他的秘訣就是關心客戶。他有過深刻的教訓：剛做銷售人員的時候，一次他向某位客戶推銷兒童保單時，這位客戶的小兒子從其面前跑過，結果摔了一跤，此時他並沒有任何的反應，只是繼續向客戶介紹保單。

這位客戶內心有些不滿，走過去把兒子抱起，哄他不哭，然後對他下了逐客令。他表示不理解，希望和客戶能進一步商談。該客戶憤怒了，指著他的鼻子說：「我兒子在你面前摔倒你都不扶一下，你讓我怎麼相信你推銷的兒童保險能保障我兒子的權益？」最後，他只好沮喪地離開。從那次以後，他每次在推銷前都要告誡自己，先關心客戶的需要，然後再談業務。果然，業績大增。

關心客戶要做到以下三點：

◎急對方之所急。

銷售人員在銷售之前要瞭解客戶有什麼困難需要解決，瞭解了客戶之「急」，然後才能「應急」。如果顧客是位集郵愛好者，特別想補齊一套紀念郵票。你若能幫助其補上這個缺，便是對他最好的關心，就能打動他的心。

◎把握客戶的焦點所在。

銷售過程中，你要注意客戶的反應。如果你是運動器材銷售人員，客戶的談話一直圍繞在運動器材的外型美觀問題上，你就不必多費唇舌在運動器材的性能如何了。

◎掌握對方的興趣愛好。

掌握對方的興趣愛好，最有助於和客戶交朋友。如果向一位打扮入時的少婦推銷電磁爐，便可以這麼說：「先生和孩子都會高興您青春長駐的。而電磁爐，沒有油煙，自動烹飪，絕對有益美容。」這樣就能博得對方的好感。

贏得客戶的信賴和認同，就能確保業績長紅。

16 讓自己的形象充滿活力

在銷售行業中，人際關係是事業成功的重要因素，而與人交往時，第一印象是至關重要的。

在與顧客的接觸時，顧客對銷售人員第一印象的好壞，完全取決於他（她）的外表和態度，也就是我們所說的個人形象。

得體的衣著打扮是第一要素

讓自己的形象具有活力，穿著是重要表現。有人以為穿著只要是時髦、昂貴就好，其實不然。合適的穿著打扮不在新、奇、貴上，而在於穿著打扮是否適合自己的年齡、身分、體型、氣候、場合等。正如著名哲學家笛卡爾所說，最美的服裝，應該是「一種恰到好處的協調與適中」。

首先，不同的年齡服飾穿著應有所不同。年齡較大的人應該穿著深色，沈著中透著穩重，成熟中顯出端莊。年輕人應該選擇時尚、朝氣蓬勃的顏色和款式。對於銷售人員來說，服裝應以淡雅為主，布料以厚挺為佳，色澤應選擇適合自己年齡層的，樣式以西裝為好。這樣的服裝能夠給人以莊重大方的感覺。

其次，不同體型的服飾穿著應有不同。身材較胖的人要穿深色的衣服才會不顯得胖，膚色較黑的人不宜穿著白色的衣服。整體來說，穿衣的一個道理就是「量型而穿」。

再次，不同的氣候服飾穿著也有不同。寒冷的天氣，如果去見客戶要穿西裝，此時要同時注意保暖，避免因寒冷而佝僂著背弓著腰。可以採取很多方法來兩者兼顧。比如說，嚴冬季節，可以穿上三重保暖襯衫，然後再套上西裝外套。

最後，不同的場合服飾穿著也有不同。

一般說來，正式的宴會或者會議，最好穿西裝，而像銷售的研習會或者家族聚會，則可以稍微休閒隨意一點。

得體合宜的穿著細節

服飾穿著除了注意年齡、體型、季節、場合外，還得注意細節。有一句話說：「細節讓人趨於完美。」一點也沒錯，不注意細節會破壞整體形象的美感以及「和諧統一」的原則。穿著應注意的細節有以下幾點：

◎穿西裝的細節。

西裝是人們在社交場合中常穿的服裝。有的人穿起來瀟灑又充滿活力，有的人穿起西裝總讓人覺得不太對勁。仔細觀察，不難發現其實是他們忽略了一些穿西裝應注意的細節。

穿西裝首先要注意，除了上衣左胸部位的口袋可以放置一條手帕作裝飾用之外，其他外部口袋包括西裝褲的後口袋都不宜放任何物件。錢包、鋼筆、名片夾等，最好放在公事包裏，如果不方便攜帶公事包，則可以把這些東西放在西裝內側口袋裏。但要注意，一定不要有突起的物品，以免讓西裝外部變形。

在正式的場合，穿西裝要打領帶，非正式場合則可以不打。在不打領帶的時候，襯衫最上面的一顆紐扣應當不扣，而且裏面不要穿露出領子的內衣，以免影響觀感。西裝上衣領子上最好不要亂別徽章，裝飾以少為好。

西裝要適合自己的體型，如果買不到合適的西裝，可以訂做。不合適自己的西裝會讓自己的形象大打折扣。西裝不能太短，應及臀部。女性的西裝裙長度以膝蓋上下為宜，這樣顯得端莊嫻雅。

◎領帶的細節。

穿西裝打領帶，在美感上有「畫龍點睛」的作用。一般來說，打領帶應注意的細節是：

領帶要與西裝搭配。顏色和圖案也要相配，要避免「斑馬搭配」或「梅花鹿搭配」。「斑馬搭配」就是條紋領帶配條紋西裝或條紋襯衫；「梅花鹿搭配」就是格子領帶配格子西裝或格子襯衫。領結的大小，最好與襯衫衣領的大小形成正比。領帶打好之後，其緣端應當正好到達皮帶扣的上端。這樣的話，它就不會從西裝下面露出。

另外，一般情況下，可以不用領帶夾。正式場合或進餐時，用領帶夾束一下領帶最好，以免領帶失去「控制」，影響社交活動。特別是進餐的時候，如果沒有領帶夾，領帶很可能會與主人「分一杯羹」。用領帶夾，要使之處於領帶打好後自上而下的「黃金分割點」上。位置大致是在襯衫全排七顆鈕扣的襯衫，自上而下數的第四、第五顆鈕扣之間。

◎絲襪的細節。

絲襪是女性衣著不可少的一部分。有很多女性不注意穿絲襪的細節，只考慮衣服、首飾、鞋帽、包包的搭配。需知，如果不注意絲襪的細節，很可能讓所有的努力功虧一簣。

首先，絲襪要高於裙子下擺，無論是坐還是站，都不能露出大腿的皮膚。不然會給人輕浮的感覺。

其次，穿絲襪要注意不能有抽絲或破洞。常常有人用指甲油塗絲襪的小破洞，其實，與其穿這樣的絲襪，還不如不穿。

◎造型飾物的細節。

衣服打扮妥當，頭髮和搭配的飾品不協調，也會影響整體效果。一個人的五官長相是無法選擇的，理智的客戶是不會多加苛責的。但是在社交場合，不修邊幅，蓬頭垢面會讓人留下不好的印象，並且會直接影響業務工作的進行。這方面我們應該注意的有：

頭髮：頭髮最能表現出一個人的精神狀態，銷售人員的頭髮需要仔細的梳洗和處理。男性銷售人員頭髮長短應適中，最好不要剃成光頭，髮型也不要太過新潮怪異，但要有時尚的感覺，不能太落伍，髮膠、髮油之類的物品要盡量少用。女性銷售人員髮型也是以中庸為原則，不要梳理複雜的髮髻，以免給人太過老氣的感覺，更不能選擇怪異的色彩和造型。

五官：潔淨是第一要素，也是最重要的。眼角、耳後以及指甲都要清洗乾淨。鼻毛切忌外露，口腔要保持清潔無異物。男士的鬍鬚要刮乾淨，鬢角保持整齊，給人清爽的感覺。

氣味：髮膠、髮油之類的物品盡量少用，以免較濃的化學香精刺激到別人。同時，要拋棄男性不能用香水的傳統觀念，可以適量使用男式香水、古龍水。因為大多數的男士比較多汗，適量的香水能保持體味的清新。女性銷售人員不要香氣襲人，以免給人俗不可耐的感覺。

化妝：女性銷售人員可化淡妝，不要濃妝豔抹。由於銷售需要一定程度的專業知識，所以女性最好作知性的打扮。

◎顏色搭配的細節。

三一律：在正式場合，人們在評價一位男性的服飾品位時，往往看其是否遵守「三一律」。所謂「三一律」，就是要求男性在正式場合時，應當使自己的公事包與鞋子、腰帶色彩相同。對女性來說，可以稍加變化，但手提袋和皮鞋至少應在同一色系之內。

三色原則：如果你穿黑色西裝、藍色襯衫、白色皮鞋、繫紅色領帶，會令人敬而遠之。違背「三色原則」的穿著會給人留下品位不高的印象。「三色原則」，是指一個人全身上下衣著的色彩，應當保持在三種之內。

禮節讓形象有魅力

銷售人員與客戶交往時，要積極塑造有禮節的形象。禮節是與人交往的基本需要，如果說親和力能夠讓人們聚在一起的話，那麼禮節就是聚合在一起的人們應該保持的距離，這個距離就是人們互相展示人性的美好，並且相互欣賞的最恰當距離。

銷售事業的發展需要銷售人員在銷售網路中聚合越來越多的人，那麼要維繫這種聚合，銷售人員就要具備有禮節的形象。有些銷售組織或銷售人員之間的關係，就是因為超出應有的距離而發生許多不愉快的事情。

銷售人員還應該懂得一個道理：禮節有個特點，那就是先施者會得到雙倍以上的回報，明白這個道理，在禮節上就應主動。這樣一來，禮節的功能就可以使人際關係不斷的提升。

◎與人見面的禮節。

與人見面第一件事情就是打招呼，一般的招呼都是從問候對方開始，並隨之附上親切的笑容。與人打招呼最好用略帶尊敬的稱呼，說出對方的名字或身分。當然，打招呼的方式因人而異，所以要靈活的把握住。銷售人員在招呼的時候要注意用自己的熱情去感染別人。

有了招呼，當然也就有道別。在道別時，一個「再見」說出後，還可以讓對方代為問候一下他的家人或朋友，並隨之附上一些祝福對方的話。

◎打電話的禮節。

打電話是銷售人員常用的一種方式。電話中無法用個人外形打扮去打動客人，所以在電話中應比見面時更加有禮。一般的電話禮節，首先要先說出自己的姓名，使用禮貌用語：「您好、請、謝謝」等等，確定要找的人現在通話是否方便，隨後說出自己的正題，並且注意要用詞精練，以一個話題為主，結束通話時要表示感謝。

◎感謝的禮節。

感謝是銷售工作中常見的禮節，有人說銷售文化是感謝的文化，這話一點也不為過。銷售是人脈關係的事業，這事業需要周圍很多人的協助，絕非一己之功。銷售人員不論是對客戶還是對主管，表示謝意的時候都要表現出自己的真誠。在接受別人的謝意時要表現出謙和的態度。

◎交談的禮節。

交談是銷售最主要的工作，因此也是最應注意的禮節之一。說話一定要顧及對方的感受，用詞恰當。在聽人說話時要用心聆聽，不要隨便打斷別人的話題，更不要獨占話題。不要議論別人的是非，在別人跟你議論時，只需保持微笑，然後乘機轉移話題。在別人說話的時候，穿插著點頭的動作或是一些請教的發問，這樣可以引起別人的注意，也有利於事業的開拓。

◎用餐的禮節。

用餐也是銷售人員重要的工作時段，很多商談都可以在餐桌上解決，因此要養成良好的習慣。飲食不應發出聲音，而且不要隨口亂吐殘渣，盡量避免剔牙的動作。

此外，養成使用公筷的習慣，不要用自己的筷子為別人夾菜。

注意身體言語

禮貌除了透過言語來表現外，在很多場合還需要用動作來表示，這些動作就是身體言語的禮節。在銷售過程中，這些禮節更不可少。

握手，要注意時機，握手要主動，錯過見面的一瞬間，再握手就不自然了。男性和女性握手時，應該等女性主動伸出手來再握，以免給人輕浮的印象。握手的力度應適中，眼睛要同時注意對方，進行三次堅定的握手晃動再放開對方。最好邊握手邊與對方打招呼。

鼓掌，是表示讚賞以及製造氣氛的最好辦法。在銷售的會場上，經常能聽到掌聲，鼓掌是銷售場合不可缺少的禮節。在鼓掌時，男性可以豪邁一點，女性則可以優雅一些。

坐、立、行的姿態。入座時從椅子左側入座，要輕鬆而稍慢。坐要端莊大方，避免小動作；站立時要有挺拔的感覺；行走時注意姿態，下巴稍微抬高、擴張雙肩、收腹提臀，從容而自信。

沒有人願意跟一個不注意禮節的人打交道，一般來說，缺乏必要的禮節可以輕易破壞好不容易建立起來個人的形象。

微笑讓人充滿吸引力

如果沒有出色的口才，也不具備迷人的臉龐，那麼趕快學會微笑吧。只需微笑，就可以面對天下人。如何使對方對自己放下戒心，是銷售人員經常要面對的問題。許多銷售人員都在說服力上下功夫，但他們都忽略了微笑的力量。

微笑是讓別人留下深刻印象的方法之一。銷售過程要求銷售人員的表情自然、大方，目視對方眉毛以下鼻梁以上的區域，目光自然、嘴角微翹、上身挺直、小腹微收。令人賞心悅目，這也是這一行業的要求與特點之一。

表情可透過以下的方式訓練培養而成：

對鏡子練習：觀察面部肌肉收縮牽拉皮膚引起的各種表情，選擇自己最美最自然的表情；

誘導性練習：靜坐傾聽愉快優美的音樂，也可隨音樂節奏輕鬆起舞，感受音樂優美的旋律，流露自然的微笑；

保持性心理練習：以正常的心理調節能力，保持良好的情緒。在個人情緒低落沮喪時想些愉快的事，不讓壞情緒影響工作；

機械性動作練習：兩頰放鬆，嘴唇微合，臉部兩側肌肉收縮上提，帶動兩側，以露不到半顆牙齒為宜，再放鬆，反覆對鏡子練習。

養成自然微笑的職業表情關鍵，是在工作中培養自己良好的心理調節能力，培養自己對工作的興趣和熱愛，保持愉快的工作情緒。

17 把每一分鐘都投資在自己的事業上

時間就是金錢，對於銷售人員而言，這話尤其貼切。作為一名銷售人員，時間的價值是由自己決定的，沒有任何人可以評價你每小時的價值。

讓時間變得更有效率

讓自己的時間變得更有效率，是銷售人員的必備本領。

如何利用時間才會更有效率呢？

在工作中投入了多少時間並不重要，重要的是在這段時間都做了什麼；讓自己有效率地利用時間，首先要做到以下幾點：

◎明確訂定銷售目標。

銷售要有明確的目標，時間管理的目的是要在最短時間內實現更多想要實現的目標。明確的目標能控制生活，善用時間，朝自己的方向前進，而不致在忙亂中迷失方向。

銷售人員可以把每年度四到十個目標寫出來，把要做的每一件事情都列出來，進行目標切割；年度目標切割成季度目標，列出清單，每一季度要做哪一些事情；季度目標切割成月目標，並在每月初重新再列一遍，碰到有突發事件而更改目標的情形以便及時調整過來。

◎先做最重要的事。

一位成功銷售專家為一群商學院學生講時間管理課程。他現場做了示範，給學生們留下了難以忘懷的印象。在這群學生面前，他說：「我們來做個小測驗」，說完便拿出一個一加侖的寬口瓶放在桌上。隨後，他取出一堆拳頭大小的石塊，仔細地一塊塊放進玻璃瓶裏。直到石塊高出瓶口，再也放不下了，他問道：「瓶子滿了嗎？」所有學生回答說：「滿了」。銷售專家反問：「真的？」他伸手從桌子底下拿出一桶礫石（小石頭），倒了一些進去，再敲擊玻璃瓶壁，使礫石（小石頭）填滿下面石塊的縫隙。「現在瓶子滿了嗎？」他第二次問，這一次學生有些明白了，「可能還沒有」，一位學生回答說。「很好！」專家說。他伸手再從桌子底下拿出一桶沙子，開始慢慢倒進玻璃瓶。沙子填滿了石塊和礫石（小石頭）的所有縫隙。他又一次問學生：「瓶子滿了嗎？」「沒滿！」學生們大聲說。他再一次說：「很好。」然後他拿起一壺水往玻璃瓶裏倒，直到水面與瓶口齊平。抬頭看著學生，問道：「這個例子說明了什麼？」一個心急的學生舉手發言：「它告訴我們，無論你的時間表多麼緊湊，如果你確實努力了，你就可以做更多的事！」

「不！」專家說，那不是它真正的意思。這例子告訴我們：「如果你不是先放大石塊，那你就再也不能把它們放進瓶子裏。那麼，什麼是你生命中的大石塊呢？切記先去處理這些大石塊，否則，一輩子你都不能做到。」

我們每天的行事曆上所寫的事項並非同樣重要，不應對它們一視同仁。如果開始進行表上的工作，卻未按照事情的輕重緩急來處理，就會導致反效果。記得要用八〇%的時間來做二〇%最重要的事情，因此要先瞭解，哪些事情是最重要的，是最有生產力的。

標出急需處理事項的方法有：

第一，數量限制。

第二，製成兩張表格，一張是短期計畫表，另一張是長期優先順序表。然後按照重要的程度，在事項旁邊加上標記。在確定了應該做哪幾件事情後，你必須按照所賦予輕重緩急程度並開始行動。

◎同一類的事情最好一次把它做完。

假如在做銷售計畫書，那麼盡可能把最近的計畫書都做好；如果是在搜尋客戶的資料，那這段時間就只查資料；打電話的話，最好把能夠累積到一起的電話一次把它打完。當在重覆做一件事情時，因為熟能生巧，效率一定會提高。

◎妥善安排自己的拜訪路線。

有時不是拜訪時間決定效率的高低，而是花在路上的時間影響了行動的效率。比如說，某天你要去拜訪兩位客戶，一個在東區一個在西區，這當中浪費在路上的時間就很可惜了。所以一定要妥善安排自己的路線，盡量把在同一區域的客戶集中在同一個時段來拜訪。這不但是簡單又實用的技巧，更可以提高時間的使用效率。另外，還可以在路上決定好下一位拜訪的對象。既然篩選拜訪對象要花費時間，不妨利用交通過程中來完成這個工作。

◎提高拜訪的品質。

有些銷售人員很納悶，自己每天花許多的時間在拜訪客戶上，可是業績卻總是比不上人家，這是為什麼呢？其實大部分的原因是，雖然掌握了節省時間的基本技巧，但是卻沒有讓節省的時間發揮出最大的效率。拜訪客戶並不一定是多就能提升業績，所謂「重質不重量」就是這個道理。

我們應該注意，如果到客戶家中拜訪，有些時候是不適宜的。比方說用餐的時間、午休時間還有大清早和晚間，這些都是不適合的時段。

◎增加拜訪的數量。

如何增加拜訪的客戶量？

適時放棄。如果某一天要拜訪的客戶比較多的話，就必須濃縮對每一個客戶拜訪的時間。可以先設想下一位拜訪的客戶的情況，可能會購買的客戶，不妨多花些時間和他商談，無意購買的客戶到適當的時候就該放棄。

提高拜訪速度。拜訪客戶的數量當然是與速度成正比的。在拜訪客戶的時候要盡量減少不必要的廢話，歸納出重點，這樣可以節省彼此的時間。

養成節省時間的好習慣。

花費與投資，因思維想法些微的差別就會產生出不同的效果，因此，要用自己的時間去投入而不是去花掉它。

真正的銷售高手會把每一分鐘都用於投資，香港首富李嘉誠利用每天上班路上的三十分鐘請了一位英文老師為他上英文課，這種投資把時間的產值發揮到極致。

有些銷售人員並沒有時間觀念，不懂得如何運用好時間，而讓寶貴的時間輕易的從指縫中溜走，實在是非常的可惜。

以下幾個實用原則可以協助養成節約時間的好習慣。

◎事前確認。

進行銷售工作時，可以先利用電話向對方約好拜訪的時間。事前約好時間表示尊重他的時間，也珍惜自己的時間。

◎不要在路上耽誤太多時間。

上、下班時間，路上交通非常擁擠，這是不爭的事實，但是因為銷售人員的工作時間比較有彈性，所以應盡量避免在這個時候去拜訪客戶，如果非去不可，最好先安排好路線，如此才不至於在路上浪費太多時間。

◎不要無謂地花費時間去等候客人。

毫無目的的等候客人是最浪費時間的，所以最好事先與客戶約好拜訪的時間，如此便能節省很多時間了。銷售是一種建立在良好的人際關係上的說服活動，如果連最開始的約會時間都沒有溝通的話，其他的就更別說了。

◎和沒有時間觀念的人打交道時，要自己控制好時間。

要跟從來沒有交易往來的客戶介紹商品時，會花費比較多的時間，這是因為彼此都不瞭解對方的緣故。此時，必須注意對方是否重視時間，如果他不重視時間，那就必須自己控制好時間，在該告辭的時候禮貌地道別，以免浪費雙方寶貴的時間。

◎不要將時間浪費在沒有決定權的人身上。

在向客戶進行產品推薦之前，必須先確認他是否具有決定權，否則即使他對產品很滿意，他還是會說：「不好意思，我不能決定，我要先問過主事者。」如此一來，費時費工也得不到想要的效果。

◎不要錯估客戶的購買能力。

銷售人員應該衡量根據客戶的購買能力，介紹給客戶最適合的商品，所以應該事先估計客戶的購買能力，因為如果錯估客戶的經濟能力，而推薦不合用的東西，成交的機率是微乎其微的。

◎不要將時間花費在無聊的事情上。

因為銷售比一般的工作更加依賴人際關係，所以很多銷售人員在完成交易後，覺得鬆了一口氣，便跟客戶聊起無關緊要的話題了。維繫人際交往的閒談是一個不可避免的方式，但是某些無聊的話題還是可以省去的。如果將時間用來跟客戶多溝通一下與產品有關的話題，不是更有意義嗎？既加深了彼此的情感，又沒有浪費時間，而是把時間投資在人際關係上，總有一天它會變現，成為帳戶裏頭的數字。

◎一定要善用等候時間。

銷售人員訪問客戶時，客戶也許剛好有事在忙或離開位子，這時千萬別呆坐在椅子上無所事事，應該好好利用這些空檔。此時，不能將精神鬆懈下來，可以準備隨時與客戶應對的功課，做好馬上能應答如流的準備。

如果可能的話，最好問清楚客戶確定的時間，然後再視時間的長短，做適當的安排，比如先去訪問附近的其他客戶、檢討拜訪方法、研究新的思維方式等等，如此等候客戶的時間就能被更有效的利用。

做好時間計畫

將一天分解成幾個部分，做好時間計畫，讓每個時刻都能做出有成效的事情，每天的產值才會被實現出來。

作為一個銷售人員，在銷售的時間上可以做以下的計畫：

◎做好第二天的工作計畫。

準確地制定了目標並寫下來以後，就該制定時間計畫了。寫下第二天要做的事情：要打的電話、要約見的人、要完成的任務等與工作有關的事情。再將生活中的屬於其他類別的重要事情填寫在備忘錄上。

◎留點計畫外的時間。

在計畫時間上，重要的一點是不要過分安排自己的事情。如果把一天的時間安排的太滿，沒有一點空閒，那麼一旦出現什麼不可預料的緊急狀況，就會打亂所有計畫。如果真的遇到突發事件，等解決完再去赴約的話，很有可能會遲到。日程安排本身不是一種結束，而是要達到目的的一種方法，要允許自己有一定的彈性，並在計畫中體現出來。大多數有經驗的銷售人員在制定計畫時，只安排一天中的九〇％的時間。時間計畫新手應從一天的七五％的時間開始做起，實務經驗會使新手很快達到專業的水準。

堅持比計畫更重要

努力堅持自己的每日計畫，無論是在哪裡，都不要讓自己忽略這項重要的工作。即使非常忙，也要抽出時間找個地方對照計畫與工作日誌，看看計畫完成的如何。光有計畫，沒有實踐，就不會擁有成效卓越、令人滿意的一天。

把每個月的第一天當作實施計畫的第一次機會。安排好所有重要的家庭、社會活動，記下重要的日期，如：家庭成員生日、客戶、朋友的重要日子，把重大的事情分解為每週操作的、每天可做的任務。這樣，就不會被大量的工作給壓垮。

堅持一面工作一面做準確的記錄。不管有多忙，都不要等到一天結束時再填補日誌，否則有些事情會被遺漏掉，如電話號碼、名字、地址以及一些靈光一閃的好創意。因此，養成隨時記錄的習慣對事業是很有幫助的。

每天結束時，回顧一下當天發生的事情。是不是都按照自己的計畫行事了？計畫完成的效果怎麼樣？如果效果不理想，是不是該修改一下具體的計畫？回想成功的關鍵和失敗的原因，哪個地方下次能夠做得更好？誰能幫助脫離了困境，誰又妨礙了事情的進展？整個情況進展如何？具體情況怎麼樣？等等，這些不但能夠及時的檢討自己對計畫的履行實情，更能考察自己的計畫是否制定得合理。

18 持續不斷的自我教育

每一位成就非凡的銷售人員都有一股鞭策自己的精神力量。在一般人因缺乏自信而裹足不前的時候，這些銷售人員總會大膽向前。如果已經挖掘到了人生的第一桶金子，難到就只有守著這桶金子過日子嗎？如果已經擁有了十個部屬，精力旺盛的人會滿足在這個位子上坐一輩子嗎？銷售事業有它迷人的無限延展性，如果只想固守陣地，那麼到最後可能連目前擁有的都會失去。它就像是逆水行舟，只有前進和倒退，沒有停滯不前。昔日的成功不應成為留戀的溫床，因為還有更大的成功在前方等著。

有位著名的成功人士說過：「銷售的發展是沒有盡頭的。」事實上也正是如此，銷售事業沒有完美的時候，人生也沒有完美的時候，只有抱著永不滿足的思維心態，堅持使每個缺憾都臻於完善，才會擁有不斷成長的熱情。

不管所獲得的成績如何卓越，並不表示再也沒有成長的必要和空間了。只有用一種更加苛刻的眼光來審視自己的工作和事業，才能不斷地提升自己的成就。銷售業務就是改變觀念，抓住機會，實現自己的夢想的工作。

自我教育永無止境

優秀的銷售人員不是天生的，而是經過不斷的學習和實踐，才能獲得銷售工作所必須的知識和能力。銷售人員自我教育的途徑有很多。

簡單又實用的辦法是參加研習會。

不管是銷售新手，還是從業多年的業務菁英，都不妨多參加研習會，因為參加這類聚會有許多好處。作為主管，累積了不錯的業績，也不應只衝刺自己的業績，還應盡力協助自己的部屬，把整個部屬業績帶動起來。因此各種產品說明會以及銷售技巧研習會，都應盡量邀請部屬參加。當然，每個公司銷售的商品不一樣，研習會內容也不同，但一定都有針對新手辦的各種研習會。因為不能持續增加新進銷售人員，銷售體系就會萎縮，而無法持續成長。

在研習會中，不僅可以聽到前輩的寶貴經驗，也能瞭解商品內容及優點。這些知識和銷售方法，在面對客人或鼓勵朋友成為部屬時，都會有意想不到的作用。另外，有些達到中高等級成就的銷售人員，會定期召集自己的部屬，舉行「家庭聚會」，一方面聯繫感情、培養默契，也可以交換工作心得，互相提攜。銷售事業是團隊工作，如果主管和部屬能形成充分合作，相互提升的團隊，那麼對銷售事業的發展，絕對有非常大的助益。

首先你可以聆聽前輩的經驗之談，反省與改變自己的思維。其次，參加研習會能拓展人脈關係，快速拓展銷售網，累積更多的部屬。不過參加研習會，最好選擇與自己等級相距不太遠的主管舉辦的聚會。主辦者和自己距離不遠，經驗及面對的狀況類似，彼此才能比較容易溝通，沒有隔閡，並且能更好的解決問題。第三，參加研習會之前，不妨設定一個目標，就是每場研習會，都要學習新的商品知識或銷售方法。雖然所有經銷公司都有各種的說明書籍和資料，但透過研習會能更好地掌握產品特色及效能。

◎透過各種媒體以及網路來全面充實自己。

要讓自己更加快速地融入這個多元化的知識經濟時代，網路資源是前所未有的豐富，各種媒體也會報導最新的事物發生，讓自己從各方面學習課堂和書本上沒有的知識。

◎從日常生活中自我教育。

日常生活中我們會接觸到許多的人和事物，每個人都會有自己不同的職業和特長。比方說，你是做美容產品銷售的，如果鄰居是醫生，那麼可以透過日常的交往獲得一些醫學知識，進而對美容產品打下一些專業醫學基礎。再比方說，在路上聽到一句很有價值的話，也很有可能帶來業績上的幫助。平時更可以透過閱讀來吸取更多的知識，這些都是生活課堂上的重要部分。

如果每個月至少閱讀一本書，那麼知識想不豐富都不太可能。其實，學習無處不在，只要善於吸取，原本被動的接受就能變成有目標的搜集。

千頭萬緒，從何學起

知識是多元化的，沒有人可以成為一個無所不知的人。作為一個銷售人員，應該著重學習些什麼呢？

◎學習商品知識。

作為銷售人員，除了要對商品的特點瞭若指掌外，還應特別注意有關的商品學知識及公司的理念等等。

首先是商品本身，包括其性能、結構、成分、材料特點、安全性等等。只有瞭解這些知識，才能在客戶面前應付自如，對答如流。

第二是所屬的銷售公司情況，尤其是在近期內的經營情況。如公司背景、公司實力、公司文化以及政府部門制定的相關政策法規。另外，對公司的運作規則的瞭解，也能讓銷售人員在規範的運作中長遠地發展下去。

◎不斷更新銷售技能。

知識更新固然重要，但對於銷售人員來說，不斷地更新技能也是同等重要。因為銷售是一種實戰的事業，沒有實踐的技能，滿腹經綸也是無濟於事。

因此，在持續不斷的自我教育當中，也要特別重視對於技能的訓練。

把自我訓練成果培養成習慣

不斷地進行自我訓練，不斷地獲取到更多的知識、技能，要把這些成果運用到銷售行動中去，讓它們發揮實際的作戰能力，這才是真正的關鍵。因此，必須要讓訓練的結果轉換成一種習慣，在每天的銷售過程中，把學來的知識和技能運用出來。每天不斷地努力，把它視為一種習慣，讓它逐漸養成。

銷售人員的「思維」和「活動方式」，是習慣化的兩個重點。

◎思維習慣化。

目標確定了，計畫做好了，訓練也完成了，最後也是最難的就是持續下去。為了持續我們的目標、計畫以及訓練的結果，我們每天必須努力解決接踵而至的一連串問題。在習慣每天積極樂觀地去面對問題，養成積極地思維習慣後，那些在別人眼裏認為需要努力的事，對我們來說都能心平氣和地對待。

就像長跑對馬拉松選手而言，已經成為一種習慣，不算是努力。對習慣每天六點起床的人來說，早起也不算是努力。但是如何才能使這些想法和思維「習慣化」

呢？

首先，可以先讓目標成為習慣。定好了每週、每月的成果目標和活動目標後，可以再編制一個能夠每天檢查目標達成率的表格。在展開銷售活動時，隨著事情的發展適時制定出眼前目標，並養成檢查的習慣。這個時候，可以同時培養下一個習慣。

習慣了瞄準目標後，我們也要習慣先想像成功時的情景。有了這樣的想望，便會對未來更加充滿希望，對今天也就更加珍惜。而實際上，這種人確實更容易接近成功。例如，打電話的時候，心裏想著：「對方會不會說不好聽的話，會不會直接掛我的電話。」那麼說出來的話肯定就沒有說服力，成功的機會就少了一半。但是如果已經習慣樂觀的思維，積極地想到：「這麼好的產品，對方一定會感興趣的。」談話自然就能語調開朗，充滿說服力，成功的機會就多了一半了。

在每天的生活中不斷地反覆練習，使「思維習慣化」，必可以大大提高成功的機率。

◎活動習慣化。

一些田徑運動員時常採取把沙袋綁在腿上跑步的訓練方法，這其實就是「活動習慣化」的訓練。當他已經習慣了腿部的這種重量，一旦拿開沙袋反而會覺得不習慣。對於銷售工作也是這樣，剛開始按照規則和計畫行事的時候，肯定也會有剛綁上沙袋的感覺，但是當我們逐漸習慣後，也就不會再有束縛的感覺了。銷售人員能否成功，能否實現種種夢想，在於能否養成良好的習慣。

要讓某項活動養成一種習慣，唯一的辦法就是每天堅持地去持續它。比如說我們為了自己的健康，每天早上強迫自己早起，然後換上運動鞋，繞著公園跑步，在堅持一段時間以後，你會發現原來早起並不是這麼的困難，這樣過了沒多久，更會發現自己每天早上不用鬧鐘依然可以六點準時醒來。所以，要養成好的習慣，就讓自己先受點苦，嚴格依照規則計畫行事。

使自己堅持下去，實際上除了自己，靠其他任何人也是沒有辦法。如果還有一個辦法，我的建議：「忘記自己正在堅持，是堅持下去的最好辦法！」因為如果經常想著自己在堅持，確實會感覺太辛苦了。

在我們與習慣的對抗中，受到打擊和挫折是很正常的。這時，人力的自我調整即使有，也是十分有限的。成功者也同樣會摔倒，唯一的不同是，堅持爬起來的次數僅僅比摔倒的次數多一次就夠了。

19 消費者導向創造雙贏

銷售事業的宗旨是分享和雙贏。銷售人員要透過雙贏的角度來與客戶溝通交往，銷售之路才會越走越寬。日本日立公司廣告課長和田可一曾說過：「在現代社會裏，消費者是至高無上的，沒有一個企業敢蔑視消費者的意志，不重視消費者的意識。如果只考慮自己的利益，那麼一件產品也別想賣出去。」

所以銷售人員在推銷產品或服務時，就要在雙贏的基礎上，先考慮客戶的利益，再思考自身的利益。只有做到互惠互利，才能達到銷售服務的目的。只有讓客戶先獲得利益，銷售人員才會有好處。

雙贏才能互蒙其利

銷售業績的好壞很大程度取決於手頭上客戶資源的多寡，而擴大客戶資源的最有效方法就是從雙贏的思考角度來縮小買賣雙方的認知差距，既先滿足客戶的需求，才能獲得自己的利益。

一位軟體銷售員和某銀行簽下了一筆訂單，銀行經理決定把銀行內部正在使用的業務電腦軟體，全部換成這位銷售員所推薦的軟體。換用一套新軟體是一件複雜而且影響層面很大的事情，雙方達成協定，在為期五年的時間內完成全面程式更換與教育訓練，並簽訂了合約。雙方都很滿意，但不久，事情就發生了變化，那家銀行經理換了人。新任經理發現銀行員工在使用這些新安裝軟體的電腦時非常不習慣，而且新的電腦軟體不但沒有使他們的工作效率提高，相反卻降低了。於是新的經理找到了那位銷售員，對他說：「改用這些電腦軟體我們感到很彆扭，我們的工作現在搞得一團糟。員工們都說他們接受不了，我也確實感到這個時候不能勉強為之。」

銷售員聽出了新任經理的弦外之音：銀行不想履行合約了。當然，如果自己非要以已簽訂的合約作為要挾，強迫銀行把合約履行下去的話，以後就不可能再有合作的機會了；

但如果同意解除合約，自己和公司的利益就會受到損害。最後銷售人員提出了一個雙贏的解決方案，根據銀行業務的具體特性，重新安裝一種更易於操作和提高工作效率的電腦軟體系統。新任經理很快就答應，並且很快就放棄改回用最初的電腦軟體的想法，因為誰不想讓作業流程更順暢，員工產值更提升呢？

就一個思維的轉變，事情就這麼簡單的解決了！當客戶的需求得到滿足時，你的利益自然而然就擴大了。所以，銷售人員在促銷產品和處理與客戶之間的問題時，一定要抱持著雙贏的思維，本著互惠共利的原則行事，無形中個人的銷售業績就會突飛猛進了。

任何時候，銷售人員都必須把客戶的真正需求作為切入點。唯有讓客戶明白你所做的一切都是站在他的立場著想，能為他帶來好處，銷售才能成功。

有一位汽車銷售人員，剛開始賣車時，公司給了他一個月的試用期。二十九天過去了，他一輛車也沒有賣出去。最後一天，他起了個大早，很努力的聯絡、招攬客人介紹各式車子，到了下班時間，還是沒有人肯訂他的車。主管準備收回他的車鑰匙，告訴他明天不用來公司了。然而這位銷售人員卻不肯放棄並堅持說，還沒有到晚上十二點，自己還有機會。於是，這位銷售人員待在公司做最後的堅持與努力。

近午夜時分，展示店的大門開了。是一個身後拉著二部音響的推銷員，冷得渾身發抖。賣音響的推銷員看汽車展示店燈還亮著，想試試看展示店要不要買一部音響。汽車銷售人員看到這個傢伙比自己還落魄，就請他坐到自己在銷售的車裏來取暖，並遞上熱咖啡。兩人開始聊天，這位汽車銷售人員問，如果我買了你的音響，接下來你會怎麼做，賣音響的推銷員說，繼續上路，賣掉下一部。汽車銷售人員又問，全部賣完以後呢？賣音響的說回公司再拉另外幾部出來接著賣。汽車銷售人員繼續問，如果你想使自己的音響越賣越多，越賣越遠，你該怎麼辦，賣音響的說，那就得考慮買輛車，不過現在買不起……。

兩人越聊越起勁，天亮時，這位賣音響的推銷員訂了一輛車，交貨時間是五個月以後，訂金是一部音響的錢。因為有了這張訂單，汽車銷售人員被公司留了下來。他一面賣車，一面幫助賣音響的尋找市場，賣音響的推銷員生意越做越大，三個月以後，提前買走了一輛送貨用的車子。這位汽車銷售人員在後來的十五年間，共賣了一萬多輛汽車，成為美國史上最TOP的銷售人員。

這位汽車銷售人員能獲得成功，就是因為他把銷售建立在與客戶雙贏的基礎上。「付出總有回報」，當客戶懂得了你的「用心良苦」，並感到自己真的成為贏家的時候，他們一定會投桃報李的。

站在客戶的立場，找出客戶的利益所在

找出客戶的利益點是相當重要的。一般來說，客戶最大的利益點不外是以最少的錢買到最多他想要的商品。只要銷售人員在銷售時能為客戶提供這種經濟實惠的商品，必能打動客戶的心。

有一位銷售顧問對學生們說：「能夠把冰箱賣給愛斯基摩人的銷售人員不一定是一個好的銷售人員。因為這個愛斯基摩人在發覺上當之後就再也不願見到他了，銷售人員也不要想再回到那裡賣其他任何東西了，因為別人已對他失去了信任。」

積極地為客戶著想，「以誠相待、以客為尊」，是銷售人員對待客戶的基本原則，也是銷售人員成功的基本要素。

所有成功的人，或者說業績突出的人，之所以成功，就是因為他們的價值觀念、思維模式比一般人更主動，他們的心態比一般人更積極。

一個機械設備銷售人員，費了九牛二虎之力談成了一筆價值四百多萬元的生意。但在

即將簽約的時候，發現另一家公司的設備更適合於客戶，而且價格更容易被客戶所接受。本著為客戶著想的原則，他毅然地把這一切都告訴了客戶，並建議客戶購買另一家公司的產品，客戶聽後內心非常的感動。結果，雖然這個人少拿了近十萬元的業績獎金，還受到公司的懲處，但在後來的一年內，光靠該客戶介紹的生意就達千萬元，還為自己贏得很好的名聲與不少的客戶。

在本著為客戶著想的原則去做業務時，可能也會遇到前面事例中所提到的狀況。這時該怎麼辦呢？最明智的辦法就是放棄眼前的小利，好讓自己獲得更加長遠的利益。

有一位客戶對原一平說：「我目前買了幾份保險，我想聽聽你的意見，也許我應該放棄這幾份，然後重新向你買一些比較划算的。」

原一平告訴他：「已經買了的保險最好不要放棄。想想看，你在這幾份保險上已經花了不少錢，而且保費是越付越少，保險的好處是越來越多，經過這麼多年，放棄這幾份保險非常可惜！」

「如果你覺得有必要，」原一平接著說，「我可以就你的需要和你現有的保險合約，特別為你設計一套。如果你不需要買更多的保險，我勸你不要浪費那些錢。」

原一平自始至終只想著如何誠實地做生意。如果他覺得對方的確要再投保一些，他會坦白地告訴對方，並替他計畫一個最合適的方案。如果沒必要，他會直截了當地告訴對方，不需要再多花一毛錢：「你不需要再買保險了，我看不出你有什麼理由需要再買那麼多的保險！」

正是這種為客戶打算並且站在客戶的立場，處處照顧客戶的需要的思維心態，使原一平成為創造日本保險神話的「推銷之神」。

主動積極為客戶解決問題

為什麼有的銷售人員總與成功有緣，而大部分的銷售人員則始終無法避免失敗呢？最主要的原因是前者能夠主動積極為客戶解決問題，而後者在拜訪客戶時往往表現得盲目和平庸。失敗的銷售人員匆匆忙忙地敲開客戶辦公室的門，急急忙忙地介紹產品，遭到客戶拒絕後，又趕快去拜訪下一位客戶。他們整日忙忙碌碌，所獲卻不多。

銷售人員與其匆匆忙忙地拜訪十位客戶而一無所獲，還不如認認真真做好準備去打動一位客戶。因此，拜訪要有建設性。所謂建設性的拜訪，就是在拜訪客戶之前，就要先調查、瞭解客戶的需要和問題，然後針對客戶的需要和問題，提出建設性的意見。如提出能夠增加客戶的業務積效，或能夠使客戶節省費用、增加利潤的方法。

銷售人員向客戶做建設性的訪問，必然會受到客戶的歡迎，因為如果能幫助客戶解決問題，滿足客戶的需要，這比對客戶說：「我來是推銷什麼產品的」更能打動客戶。尤其是要連續拜訪同一個客戶時，銷售人員帶給客戶的建設性構想，是讓對方留下良好印象不可或缺的重要策略。

一位銷售高手曾這樣說：「客戶對自己的需要，總是比對銷售人員所說的話還要重視。根據我個人的經驗，除非我有一個有利於對方的構想，否則我不會去訪問他。」

銷售人員一定要抱持著自己能對客戶有所幫助的思維去訪問客戶。只要能將對客戶有所幫助的想法銘記在心，那麼，才能提出一個對客戶有幫助的建設性構想。

銷售人員只有帶著一個有益於客戶的構想去拜訪客戶，才會受到客戶的歡迎。雖然說，主動拜訪客戶是必須的，但是如果不能提出建設性的議題，無意義的拜訪會讓自己師出無名，甚至可能引起客戶的反感。或許客戶在之前已經見過很多銷售人員，如果也和其他人一樣，沒能提出任何建設性構想或創意，客戶肯定不會有耐性。

朱日昇是一位相當成功的銷售人員，在一次新進員工訓練會中，他這樣詮釋自己的成功方法：「很多人都認為我的成功是偶然的，但我不這麼認為，因為我經常在想如何建設性地訪問客戶，如何尋找不同的事物去刺激客戶。在每次的建設性訪問中，我隨時都能對成交機會產生靈敏的反應。因此很多『偶然』的機會，都被我抓住了。」

一次，朱日昇向一位客戶介紹完產品後，並沒有得到客戶馬上的認可。就在他剛要離開的時候，這位客戶接到了一個電話，朱日昇無意中聽到他們正計畫要成立一個水質淨化器製造與安裝公司。朱日昇為了要獲得這個客戶，便將這件事牢記在心。

一天，朱日昇在另外一位客戶的辦公室等候的時候，他看到了一本與自來水有關的技術雜誌，便翻開看了看。剛好看到一篇頗具啟發性的工程論文，這是一篇論述在蓄水池上面安裝保護膜的論文。

於是，朱日昇把這篇論文加以影印，隨後帶著這份影印資料再去拜訪先前那位客戶。該客戶對朱日昇所提供的資料很感興趣，當下就表示要跟朱日昇合作。此後，他們的業務往來一直都進行得很順利。就這麼一則無關緊要的資訊，卻成了朱日昇成功的關鍵。

當然，要正確地為客戶解決問題，在拜訪客戶之前，銷售人員應該做好充分的調查準備。對客戶的瞭解越仔細、越準確，銷售的成功率也就越高。「日本推銷之神」原一平在決定拜訪之前，總是要仔細調查客戶。只有在對客戶做了充分的調查和分析之後，他才會去叩客戶的門。正是因為拜訪前的仔細瞭解，原一平在與客戶交談的過程中，總能提出一針見血的建議，迅速掌握全局而獲得保單，這也是原一平能夠持續業績輝煌的重要原因。

銷售人員如果在拜訪客戶前準備充分，搜集所有必要的資訊，便可以為客戶量身訂作一套正中下懷的銷售話術，從而撥動客戶的心弦。其實，銷售人員只要認真地尋找可以助客戶一臂之力的方法，帶著一個有利於客戶的構想去拜訪客戶，就能讓自己經營出與眾不同卓有成效的銷售特色來。

設身處地換位思考

對於銷售人員來說，換位思考是十分有效的促銷利器。換位思考能讓冰冷的銷售進行的更人性化。站在客戶的立場進行「換位思考」，設身處地為客戶著想，便能敏銳地發現客戶的個別需求。這種量身訂作的銷售方式，總能展現令人無法拒絕的親和力，讓客戶體驗與眾不同的舒適服務，因而獲得客戶的滿意與增進合作默契。

有人說全世界最長的距離，就是從客戶的口袋到銷售人員的口袋這一段距離，因為銷售人員太專注於要客戶掏出口袋裏的錢。在銷售過程中，很多銷售人員心裏關心的只是客戶買不買、買多少、客戶態度好不好、客戶要求多不多、客戶難纏不難纏、好不好搞定……，但這些卻都不是客戶所關心的。很多銷售人員在拜訪了多次客戶之後，依然找不到與客戶進一步溝通的切入點，其根本的原因就是對客戶漠不關心，不瞭解客戶的真實想法，不知道客戶的真正需求。要解決這一難題，就要學會「換位思考」，站在客戶的立場，找出一種說服自己的辦法，學會先將產品推銷給自己。

在成交前，銷售人員要養成分析客戶需求的習慣。面對客戶時，銷售人員要試著去想像和分析客戶的心裏在想什麼？客戶真正的需要是什麼？自己瞭解眼前的客戶多少？跟客戶之間的話題和交流是否僅止於產品上？如果不曾在這上面花心思，那麼如何能滿足客戶真正的需求呢？如果客戶肚子餓了，就應該讓他用餐而不是讓他喝水，因為喝水並不能滿足他的需要。接著再去揣摩他喜歡麵食還是米飯，喜歡什麼口味，從而擬定對症下藥的銷售計畫，也只有這樣，客戶的需要才能得到滿足。

想像一下，如果你是那個不被重視的客戶，你會不會購買呢？銷售人員要時常透過客戶的角度去思考問題：如果我是客戶，我會不會買這樣的產品呢？產品的特色是否能滿足自己的需要呢？如果你的方法、思維，都沒有辦法說服自己購買，那客戶怎麼可能購買呢？所以在銷售任何產品給客戶之前先試著將其銷售給自己，說服自己購買。如果能夠成功地將產品推銷給自己，那就算成功了八〇％。

銷售人員要真實地瞭解客戶，扮演客戶，將客戶的背景、個性、職責一併思考，做綜合性的評估，他會喜歡什麼方式？他會有什麼想法？他會有什麼感受？他會需要什麼？他為什麼說這句話？他為什麼做這件事？他為什麼會用這種態度回應？他為什麼會生氣？他為什麼會很滿意很開心？「自問自答」是最好的瞭解客戶的方法，每問自己一次都會幫助自己成長一點。藉由這種思維方式你會越來越瞭解客戶的心理、想法以及客戶的需要。如果銷售人員事先已做好了八分的準備，再去面對客戶就能臨危不亂、應對得體，很容易就能掌握與客戶交流溝通的主導權。

20 讓產品自己說話來打動人心

銷售人員在瞭解了客戶的實際需求之後，還要懂得介紹產品特徵的方法和技巧。縱然擁有世界一流的上好產品，也不意味著就會有人主動購買。必須瞭解客戶的需求，並有效地向客戶說明產品的好處、功能，才有機會贏得認同和訂單。

客戶的決定購買並非都出自理性。一般人在決定是否購買某一產品時，並不會像技術人員那樣仔細計算、比價，運用各種理性思考加以分析。產品品質、價格、服務等方面的因素雖然都會被考量過，但客戶更相信產品所帶給自己的感覺，而這一感覺、情境又是銷售人員所營造出來的。

因此，銷售人員的介紹對客戶最終的購買與否至關重要。

關鍵在於吸引對方的注意力

很多銷售人員在進行產品推薦時，經常遭遇到這樣的尷尬：自己挖空心思地激盪客戶的購買意願，盡可能講得繪聲繪影，可是客戶卻無動於衷，甚至漠然處之，以致往後的精心安排無法進行。推銷怪才傑班．費德文對此提出建議：「推銷工作是以會談為開端的，而會談的開始則在於吸引對方的注意力。如果你做不到這一點，就無路可走了。」

產品能否打動人心，關鍵在於能否一開始就吸引住客戶的注意力。所以，如何引起動機是一門大學問。

一位銷售人員想要拜訪一位大企業的總裁，但要想進入總裁的辦公室，首先必須通過秘書的「過濾」。果然，秘書開口了。

「你要銷售什麼產品呢？總裁很忙，如果你的事不急，那麼你以後再來拜訪吧！」秘書客氣地說。

「急得很！」銷售人員說，「我是來推銷『錢』的。你去通報一下，對你們總裁來說，沒有比這更要緊的事了。」

秘書吃驚地看著他，就像在看一位神經病的人一樣，但她還是去通報了：「總裁，門外有一位推銷錢的業務員，您要見他嗎？」最後這位銷售人員得償所願了。

吸引客戶注意的方法有很多種，要根據不同的情況和不同的產品選用不同的方法。

小亞在一家高級飯店內經營了一家精品店，她的店裏有一件人工吹製的酒杯。這只酒杯很貴，小亞想了一個很好的辦法來推銷它。有一天，一位貴婦來到這家精品店，很有興趣地看了這只酒杯，並且詢問了酒杯的價格。

「請您跟我到窗戶旁邊來，在這裡能看得更清楚！」小亞並沒有立即說出價格，而是拿著酒杯來到窗戶旁。這位貴婦跟隨她來到窗戶旁。小亞舉起杯子，並且用手指轉動它。這位貴婦抬起頭看著酒杯。「這杯子看起來就像水晶一樣，它在陽光下閃閃發光，特別耀眼，您看到了嗎？」小亞問；「這是真正人工吹製的，在維也納製造。您還可以聽聽它的聲音！」她用中指敲了敲被舉在空中的酒杯，杯子發出清脆的響聲。然後，小亞又把杯子遞給貴婦，說：「您自己也來試一試！您把酒杯舉起來就能看到，它的折光度有多好……然後，您再用手指輕輕彈一彈！」最後她以一個十分可觀的價格把這只酒杯賣了出去。

有時為了吸引客戶的注意力，提出一個令人不安的問題，也很容易使客戶感受到燃眉之急，進而將注意力集中在銷售人員的商品推薦上。不妨在會談時問客戶說：「對您來說，『健康』值多少錢呢？」或者說：「您想不想明年比今年更年輕漂亮呢？」這些問話能創造神秘的氣氛，引起對方的好奇，進而洗耳恭聽你的介紹。

當然，提出問題時一定要切合產品的實際功效，不能為營造神秘的氣氛而誇大產品的功能，否則，不但不利於銷售層次的推進，還有可能讓問題變得更難收拾或惹來爭議。

所產生利益要能遠大於商品本身的價值

永遠需記住：人們買的是產品的「附加價值」而不是產品本身。銷售人員必須有創意地將產品本身的特性、功能詮釋成為客戶能得到需求，否則很難達到預期的目標。

讓我們來看看這位銷售人員，是如何向一對想給孩子買一些百科讀物的年輕夫婦推銷百科全書的。

銷售人員：您想要一套百科全書嗎？這是一套非常好的書。

客戶：這套百科全書有些什麼特點？

銷售人員：您看這套書的裝裱是一流的，整套都是這種真皮封套燙金字的包裝，擺在您的書架上，非常好看。

客戶：那麼裏面有些什麼內容？

銷售人員：本書內容編排按字母順序，這樣便於資料查詢。每幅圖片都很漂亮逼真，您看這幅山水圖，多美。

客戶：我看得出，不過我想知道的是，它的具體內容。

銷售人員：哦，內容當然是包羅萬象的，若不是就不叫百科全書了。有了這套書您就如同有了一套地圖集，而且還是附有詳盡地形圖的地圖集。這對你們一定會有用處。

客戶：我是為孩子買的，讓他從現在開始學習一些東西。

銷售人員：原來是這樣。這套書也很適合小孩子。它有帶鎖的玻璃門書箱，這樣您的孩子就不會將它弄髒，小書箱是隨書贈送的。

客戶：你能不能說明其中的某部分，比如文學部分，以便我們瞭解一下其中的內容？

銷售人員：文學部分包含的內容也有很多，詩歌、小說都有。

客戶：哦，謝謝，不必麻煩了。

這位銷售人員失敗的原因是顯而易見的：沒有掌握介紹產品的技巧，未能充分地呈現產品的特徵，更沒有把產品特徵重點、獨特性有系統地告訴客戶。

銷售人員打動客戶的最有效方法就是——對產品的特點和它能夠帶給人們的價值進行具體地描述。

如果要銷售的是冷氣機、汽車及鋼琴、參考書，不能僅僅從產品的經濟性、便利性、耐久性、顏色、花樣、設計等等方面去做介紹，必須讓客戶想像裝上冷氣機後一家團聚的舒爽溫馨景象、以全家開車出遊的歡樂時光、孩子努力學琴念書的情景，這樣才能喚起客戶的好感和認同，來獲得不錯的銷售成績。

就像銷售名言所說：「如果你想勾起人們吃牛排的慾望，將牛排放到他的面前可能有效，但最令人無法抗拒的是煎牛排的嗞滋聲。他會想到牛排正躺在鐵板上，嗞滋作響，整塊冒油，香味四溢，不由得嚥下口水。」「嗞」的響聲比牛排本身更能使人們產生想像，刺激需求慾望。

那麼如何才能在產品的介紹中，讓客戶聽到「嗞滋」的響聲，而不是只看到牛排呢？這就要求銷售人員能夠戲劇性地表現產品的特徵。中國的茅台酒之所以能夠在巴拿馬博覽會上力壓群芳，就是因為他們讓客戶聽到了「嗞」的響聲。參展者把茅台酒撒在地上，酒香四溢，吸引觀眾無數，世界級的品酒大師也為這香氣所吸引，爭相品飲，從此人們記住了醇香綿長的中國茅台。

加入生動、讓人傻眼的說服元素

「買賣不成話不到，話語一到賣三俏。」銷售的關鍵是說服你的客戶，如果銷售人員在介紹產品時，語氣單調、生硬、抽象、不具有煽動作用，客戶聽了之後毫無反應，是達不到成交的目的。產品介紹有豐富的誘人魅力，才能激發客戶的興趣，刺激客戶的購買慾望。因此在產品介紹時必需加入生動的說服元素。

銷售大師史坦．柯聖說：「生動的銷售說明，可以使索然無味的過程變得活潑有趣，同時也是吸引客戶注意力的絕佳辦法。」

一家公司生產了一種壓製合成的建築板，由於這種材料是由人工合成的，所以很多專業人士對這種合板的隔音效果和載重能力表示懷疑。針對這種情況，這家公司籌辦了一場研討會，邀請設計師、建築方面的專家參加。在這次會上，首先有兩位大學教授分別針對合板的隔音效果和承重能力講了四十分鐘的話，然後公司安排了短暫的休息時間。當休息結束，所有的來賓又回到會議大廳的時候，大家看到會議廳裏擺了兩個水泥墩，水泥墩上放了一塊剛剛從生產線上拿來的合板。接著音樂響起，一頭來自附近動物園的大象隨著音樂的節奏踏上了板子，而板子絲毫無損！最後，說服這些專家的不是大學教授，而是大象。

商品本身是無趣的，要想讓無趣的商品被客戶所接納，首先必須讓它變得有趣。要想使無趣的商品變得有趣，講故事是最好、最有效的辦法。這一商品是如何發明的，如何生產的，又給客戶帶來了如何的好處……如果銷售人員能挑選其中生動、有趣的部分，組織成一個精彩的動人故事，以這個故事作為推銷的武器向客戶介紹產品，將很容易達到成交的目的。

一位銷售人員在聽到客戶詢問：「你們產品品質如何」時，並沒有直接回答客戶，而是給客戶講了這樣一個故事：

「前年，我們工廠接到客戶一封投訴信，反映產品品質有問題。廠長下令全廠員工自費坐車到幾百公里之外的客戶公司現場參觀。當全廠員工來到客戶公司的生產現場，看到由於自己的產品品質不合格而對客戶造成的巨大損失的時候，所有的人內心感到無比的羞愧和痛心。回到廠裏，廠長就召開了品質檢討會，大家紛紛表示，今後絕不讓一件不合格的產品進入市場，並決定把接到客戶投訴的那一天，作為『廠恥日』。接下來的日子，全廠員工同心協力，分工合作，嚴格為產品品質把關。結果，當年我們產品就獲得了優良精品獎。」

客戶興致勃勃地聽完這個故事後，提出了一系列相關的問題，在銷售人員對他的疑問一一回答後，客戶毫不猶豫的簽下了訂購合約。

銷售人員沒有直接去說明產品品質如何，而是利用一個故事戲劇性地從側面表現了產品的特點，取得了客戶的信任，並在最後獲得了客戶的訂單。

優秀的銷售人員都是「故事大王」，他們會津津有味地講起與產品有關的故事，因此把要向客戶傳達的資訊變得高潮迭起，使客戶在快樂中接受資訊，在聽故事的過程中對產品產生濃厚興趣。由於故事都新穎、別緻，所以它能在客戶的心目中留下非常深刻的印象。當產品在客戶的心目中留下深刻、清晰的印象時，客戶的購買就會變成一種自發的行為。用講故事的方法向客戶介紹產品，就能吸引客戶的注意，使客戶對產品產生興趣和信心，進而輕鬆地達到銷售的目的。

除了講故事外，適當的幽默也是強化產品介紹生動活潑的另一個重要手法。一千句平常話語的吸引力遠不及一個笑話。如果銷售人員和客戶的交流能在一種愉悅的氣氛中進行，成交的可能性就會大大提高。

在這一方面，下面這位房地產銷售人員與客戶的對話堪稱經典。

房產銷售人員：「誠實對待每一個客戶是我們公司的一貫宗旨。我將向您介紹所有房子的優缺點。」

客戶：「那麼這間房子的缺點是什麼呢？」

房產銷售人員：「哦，首先這間房子的北面三英哩的地方是一個養豬場，西面是兩個污水處理廠，東面是一個化工廠，而南面則是一個醬製品公司。」

客戶：「那麼，它又有什麼優點呢？」

房產銷售人員：「那就是，您隨時都能判定，今天刮的是什麼風。」

客戶聽了房產銷售人員的介紹後，忍不住「噗嗤」笑了。在這一幽默營造的輕鬆氣氛下，這位房產銷售人員很自然地贏得了客戶的訂單。

生動的產品說明，要求銷售人員在進行產品說明時盡可能做到雙向溝通，必須長話短說，實話實說，並能夠很快引起和掌握客戶的興趣。產品介紹必須是感性與理性的結合，必須能夠為接下來的銷售促進良好的基礎。

總之，生動地表述產品的特徵，是每一個銷售人員必須具備的能力和素質。照本宣科地背誦產品說明書上的文字是不能打動客戶的心，更別奢望以平淡的話語來取得交易。銷售人員必須善用生動、靈活的方法向客戶展示自己的產品，從而在客戶心中留下深刻的印象，進而取得客戶的訂單。

邀請客戶親身感受

讓客戶直接參與展示，是維持客戶注意力的絕佳辦法。比如請客戶幫忙把展示品搬到桌子上，或者協助移開桌面上的裝飾品等，都有助於客戶保持對產品展示的注意。

如果是銷售化妝品，不要只談它的品質、顏色，要讓客戶自己擦擦看；如果是銷售健身器材，讓客戶自己操作，親身使用一下，這往往比費盡唇舌、滔滔不絕地講解要有效得多。

讓客戶參與的真正目的在於挑動客戶的感官。每個人都是感性的，人們在做出購買決定時很少會深思熟慮，而是根據感覺做出決定，所以，在產品展示中，設法挑動客戶的感覺，往往比挑動客戶的思維更重要。

要挑動客戶的感覺就要設法將客戶的視、聽、觸、味、嗅五覺帶來到展示中。具體來說就是：刺激視覺，想辦法讓客戶多看一些；刺激聽覺，盡可能告訴對方使用產品的心得、經驗；刺激嗅覺，盡可能讓客戶聞一聞；刺激味覺，設法讓客戶嚐一嚐；刺激觸覺，盡可能讓客戶多接觸商品。

一位主婦來到一家洗碗機的樣品展示區，她發現這裡所展出的洗碗機都是白色的，而且外形、大小幾乎完全一樣，唯一不同的就是它們的價格。這時，太太就向銷售人員詢問，這些機器在品質方面有什麼不同，才導致價格的差異。銷售人員是這樣回答的：

「太太，您可以自己來感受一下！」他帶領主婦走到最便宜的洗碗機前，說：「請您先把門打開，然後再用力將它關上！」主婦按照他的說法做了，洗碗機發出了巨大的響聲。然後，銷售人員又走到另一台機器前。「您再來試試這台機器！還是先把門打開，然後也一樣用力把它關上！」主婦又照著做。這一次，洗碗機只發出了輕微而又低沈的聲音。

「您聽出其中的差別了吧？」銷售人員笑著說。

即使你推銷的是看不見摸不著的服務，你也要設法挑動客戶的感官。一家從事建築物清潔工作的公司剛引進了一種環保的清潔劑，這也是他們爭取客戶的重要武器之一。銷售人員並沒有滔滔不絕地向客戶講述他們的清潔劑如何好，而是隨身帶了一小瓶清潔劑的樣品。他們讓客戶親自來聞，這樣客戶就會知道，在委託這家公司清潔之後，他們的辦公室會散發出多麼芳香的氣味。

總之，如果想證明自己所推銷的食品美味可口，那你就要端出一盤來讓客戶嚐嚐；如果你想證明你所推銷的英文學習材料更加詳實有效，就應該讓客戶自己親自讀讀看；如果想說服客戶使用所推銷的「香味更加清新」的空氣清新劑，你就得打開蓋子，讓客戶親自聞一聞……不管銷售的是什麼都應該想辦法讓客戶參與進來，挑動他們的感官，讓他們自己說服自己。

在細微處下功夫

在展示產品的過程中，最能體現銷售人員對產品的信賴程度，一般，客戶都是透過銷售人員對一些細節的處理來判斷產品的品質和價值。所以，在展示產品時，各種細節是相當重要的，處理好了細節，才能獲得預期的產品展示成果。具體來說，銷售人員在展示產品時要注意一下幾個細節：

※展示商品時，確保產品的最好狀態，這樣才能給客戶最完美的印象。

※拿取產品時要小心翼翼。如果銷售人員認真地對待自己的產品，並帶著尊重和自信的表情時，客戶就會受到感染──喜歡並且愛護產品。

※在展示產品時，要保持桌面整潔，把多餘的東西盡可能挪開、清除，並把必要的道具準備好。

※擺放產品的位置要恰當，體積較小的產品，應放在與眼睛同高的位置展示；體積較大的東西，展示時應放在與水平視線以下的地方。

※不要一次把所有的產品都展示出來。過多的產品會攪亂客戶的心思，使其很難果斷做出決定，所以，展示時應循序漸進。

※在展示產品的過程中，產品的特性和功能應該可靠確實。如果一個絲襪銷售人員為了證明自己的絲襪結實耐用，把它做成纜繩來拉重物，這種「嘩眾取寵」的表演，

沒人會信服的。

※在展示過程中，產品使用和操作所要求的專業性，應該符合客戶所具備的專業知識。

※有時候，產品演示的過程難免會讓客戶覺得銷售人員在耍詭計，銷售人員絕不能讓這種幻覺主導了客戶對展示的主觀印象。所以，在產品展示之前，要先告訴客戶將會發生什麼事。

※說明時，盡量保持語氣平實、專業，避免誇張、輕浮。

※以簡單、輕鬆、熟練的動作向客戶展演、示範。

※展示商品細微部分（面積比十元小的部分）用食指指示，較大的地方，則用手掌指示。

※多向客戶發問。問題能夠集中客戶的注意力，而且發問有助於進一步瞭解客戶接受產品展示的程度。

※實地示範與具體說明同時進行，最好向客戶提出可靠的書面資料，以證明所言不

假。

※鼓勵客戶實際體驗產品，當客戶順利操作完畢時，馬上當眾誇獎。

成功的展示不是靠幸運而來的，必須經過事前詳細的準備、排演，不斷的練習，才能順利進行，並且收到良好的銷售成績。在進行產品展示之前，銷售人員需要進行以下一些必要的準備：

※確認所展示的產品或輔助器材都保持良好的狀況。

※選擇良好的展示場所，並讓自己處在一個良好的位置。

※實際展示、示範的時間必須控制得當，回答客戶發問的時間，以及讓對方操作的時間都應該事先安排好。

※盡可能在展示前確知每一位客戶的個性與購買習慣。

※最好不要在尚未明瞭客戶的真正需求前，就開始展示和示範。

※盡可能具備相關的專業知識，這樣在展示時，客戶才會覺得展示者是一位專家、權威人士，值得信賴。

※事先多練習，直到每個環節都能自然反應再上場，這樣才不會在當場展示時出現差錯。

21 有效尋找潛在客戶

要想把產品賣給別人，首先就必須找對銷售的對象。找不到潛在客戶，即使擁有再高的推銷技巧，懂得再多的銷售原則的銷售人員也不會獲得一點成績的。所以，找到潛在客戶是銷售的重要前提。對於銷售人員來說，潛在客戶是一座巨大的寶藏。我們每天都和形形色色的人打交道，在電梯裏、在公共汽車裏、在餐廳裏等等，任何人都可能成為客戶。所以，在開始銷售之前，銷售人員必須懂得如何、有效地去尋找潛在客戶，再將這些潛在客戶變成真正的購買者。

茫茫人海，潛在客戶無處不在，請留心與他們接觸以及認識的機會，因為他們是真正的財富。

認定對方就是你的客戶

人們總是對那些成功的銷售人員的銷售技巧稱讚羨慕不已，其實我們更應該學習他們看問題的角度。他們從不會去想他所要拜訪的人會拒絕他，而是從一開始就認定對方是自己的客戶。即使被拒絕了，他也會用不同的方式說服對方和他做成生意。

保險業界有位奇人，他的事業理念就是把身邊的每個人都視為自己的客戶。他家距離火車站非常近，他每天都會來到火車站售票口排隊，他不知道自己要去哪裡，但是他的旅程決定於排在他前面的人。

他會設法與排在前面的人聊天交談。在排隊的過程中，他跟前面的人就熟悉起來。臨到他前面的人買票說「高雄」（或其他地方）時，還沒等前面的人說完，他馬上說「兩張。」於是，他就隨著前面的人去了高雄。一起買的票，座位自然在一起。台北到高雄的這段時間，就成了他推銷保險的黃金時間。下車時，他已經很順利的做成了一筆保單。回家時，他又重覆上面的做法，從高雄回台北的過程中又完成了另一筆保單。

正是因為他將每一個人都認定是他的客戶，所以他的推銷業務幾乎未曾受到過挫折，銷售業績總是處於金字塔頂端的位置，令人稱奇。

對於銷售人員來說，只要抱持「對方就是我的客戶」的思維，把遇到的每一個人都認定為自己的客戶，使自己形成一種反射動作似地積極去銷售，那成功的機率當然是非常高的。

推銷之神喬．吉拉德說：「不管你所遇見的是怎麼樣的人，你都必須將他們視為想向你購買商品的客戶。這種積極的思維心態，是你銷售成功的唯一前提。我碰到一個客人時，我不會認定他是來隨便看看或尋開心的。我都認定他是我的客戶，會購買我銷售的汽車。而毫無意外地，他們大部分都成了我名副其實的客戶。」

當你與人交談時不停地懷疑：「他會買嗎？」「他是真的有買的打算，還是只不過想找個人聊聊？」「從他的表情和語氣來看，他不像是會買這個商品的樣子」……有了這些疑問，怎麼可能全力以赴地去介紹產品，並打動對方呢？不管所遇到的是怎麼樣的一個人，都別自我懷疑。

只有從一開始就認定對方就是客戶，那麼才會全力投入銷售工作，最後獲得訂單的。

找尋真正的潛在客戶

很久以前，有一個非常勤勞的農夫，他的勤勞感動了上帝。有一天夜裏上帝托夢告訴他，說海邊有一塊比其他都要熱的石頭，只要擁有它就可以點石成金。於是農夫就信心百倍地來到了海邊，開始在成千上萬的石頭中尋找那塊能夠點石成金的石頭。

剛開始的時候，農夫撿起一塊石頭，就摸一摸石頭的溫度，但是總覺得沒有其他的石頭熱，於是就把它扔進大海。就這樣，第二塊、第三塊……一天又一天，農夫早出晚歸，將一塊塊石頭都扔進了大海，但是始終也沒有找到那塊更熱的石頭。幾年過去了，農夫扔石頭的動作成了一種習慣，甚至連溫度都沒有去感受一下，就直接把石頭扔進了大海。終於有一天，最後一塊石頭也被農夫扔進了大海。

這是一個在西方流傳很久的故事，說明了一個深刻的道理—僅憑主觀去判斷「石頭」的熱度是不正確的。對銷售人員來講，潛在客戶就好比是「石頭」，在尋找潛在客戶的過程中，不能一心只想找到更熱的「石頭」，而應該認真地對待每一塊「石頭」，只有這樣才不會錯過真正能夠點石成金的「石頭」。

銷售人員要找到真正的潛在客戶，就必須研判客戶的購買可能性。一般來講，判斷潛在客戶的要素有三個方面：實際需求、購買能力和決策能力。

「實際需求」是判斷潛在客戶的首要條件。沒有實際需求的客戶只是一種「假性」客戶，但是不能完全排除其購買的可能性。這是一塊明顯低於常溫的「石頭」，對於銷售來說如同雞肋，食之無味，棄之可惜。因此對於沒有實際需求的客戶，銷售人員應當抱持著一種期待的態度，但不必太樂觀，平常心就好。而有實際需求的客戶才是銷售人員全力以赴的方向，因為他們已經有了基本的「熱度」。

「購買能力」是判斷潛在客戶的另一個基本條件。沒有購買能力的客戶只能被視為一個「觀眾」，他們擁有高漲的熱情，無奈囊中羞澀，但是這樣的客戶是值得等待的。銷售人員需要激發他們的購買慾望，等待他們具備購買能力的那一天。

「決策能力」是判斷潛在客戶的關鍵條件。沒有決策能力的客戶將會是銷售的殺手，即便能夠成交，也要耗費很多的時間和精力。對於沒有決策能力的客戶，銷售人員應該及早發現，並利用他們的關係找到真正的決策者，以避免多走冤枉路，浪費時間。

理論上，有實際需求、購買能力和決策能力的客戶才是真正的潛在客戶。但是在實際的狀況，這是一種可遇不可求的理想，一般比率不到百分之五，也就是說一百個客戶中，能兼具實際需求、購買能力和決策能力的客戶往往不足五個！如果只將目標放在這百分之五的人身上，無疑是不利於銷售業績的提高的。很明顯地要放棄百分之九十五的客戶也是不明智的。如果銷售人員採用有效的方法，使用量身訂作的配套措施，也可以在這百分之九十五的人之中促成不少生意。每個銷售人員都應該記住：在沒有完全失去成交可能之前，每塊「石頭」都可能是潛在的客戶，所以不應該放棄眼前的每塊「石頭」。

一種誘餌釣不到所有的「魚」

懂得釣魚的人都知道，用一種誘餌根本不可能釣到所有的魚。對於銷售人員來說，用同樣的思維和方法去對待所有的客戶，也是不可能每次都有效的。出色的銷售人員在銷售的過程中，總是會找出「魚」的差別所在，然後有效地將他們分成不同的類型，再使用不同的誘餌，來讓魚兒上鉤的。這和兵法中「各個擊破」的道理是一樣的。

既然一種誘餌無法釣到所有的「魚」，那就需要將魚進行分類。對於銷售來說，就是要將客戶按照不同的條件進行分類。即使要在大海裏撈針，我們首先也要弄清楚針的大致方位。銷售人員必須在開始銷售的時候前即對客戶做各種可行性分析。按照潛在客戶的三個主要元素，可以區分成以下幾種不同的類型：

「理想」的銷售對象：有實際需求、有購買能力、有決策能力；

「優先接觸」的銷售對象：無實際需求、有購買能力、有決策能力；有實際需求、無購買能力、有決策能力；

「可接觸」的銷售對象：無實際需求、無購買能力、有決策能力；

「可培養」的銷售對象：有實際需求、有購買能力、無決策能力；無實際需求、有購買能力、無決策能力；有實際需求、無購買能力、無決策能力；

「根本無用」的銷售對象：無實際需求、無購買能力、無決策能力。

客戶分析的環節對於挖掘潛在客戶具有很高的參考價值，也是將潛在客戶轉化為真正客戶的重要關鍵，但僅僅做到這一點是不夠的。藉由客戶分類，銷售人員將會得到幾個較有效的潛在客戶群組，並設定各類客戶基本的行動綱領，但是這個群體中的每個個體最終成為消費者的可能性卻是各不相同的。因此有效地篩選客戶，挑選出其中最有可能成為實際購買者的客戶，進行精準銷售，才能做到以最小的投入獲得最大的產能。

總而言之，用一種誘餌是釣不到所有的「魚」的，因此銷售人員在進行銷售之前，

應該將所有的「魚」進行分類，然後投入不同的「誘餌」，這樣才能取得事半功倍的效果。

讓「假性客戶」變成潛在客戶

知道了點石成金的「石頭」在哪裡，懂得了如何將現有的「石頭」進行分類，那麼銷售人員下一步就應該在最有希望的範圍內搜索和尋找最熱的「石頭」。從潛在客戶的分類來看，如果找不到「理想」的銷售對象，那麼「優先接觸」的銷售對象就成為銷售工作的重心所在。銷售人員要懂得如何將「假性客戶」變成真正的潛在客戶或用戶。

世貿玩具展中，某個攤位的兩位展示小姐，正介紹著一種新穎的玩具。一位來參觀的國外買家，好奇地詳細詢問玩具的性能。

這時，其他國家的採購也圍了過來，於是，兩個展示小姐，向他們詳細地解說，同時拿出玩具示範。開始，某位國外買家顯得相當好奇，對展示小姐的介紹頻頻點頭，但隨著交談的深入，這位買家開始變得心不在焉，漠不關心。當其他國家的採購開始下單時，他還「竭力」尋找玩具的「缺陷」……。

顯然，這名買家並不是一個真正有購買意願的客戶，只是一個「假性客戶」。但是，兩個展示小姐仍然將這名買家作為最關鍵的「實際客戶」進行銷售介紹。展示小姐的這種做法值得嗎？碰到這樣的客戶，銷售人員究竟該如何應對呢？

很多人會認為兩個展示小姐實在是太「傻」了。對於像國外買家這類根本沒有購買慾望的「客戶」，應該置之不理，而將時間花在其他「潛在的」和「實際的」客戶身上。其實這種觀點才是大錯特錯的。

首先，「假性客戶」並不是對產品沒有絲毫的購買慾望。通常，沒有一個人願意把時間花費在無用的事物上。事實上，他們內心是認可這種產品的，否則就不會主動詢問產品的性能。

所以，在本質上他們還是屬於「潛在客戶」的。只是這類潛在客戶不同於其他。他們一般比較猶豫，很難下定決心做出購買決策。再者，他們的購買能力一般是很小的，所以一旦銷售進入價格談判，往往就會遇到阻礙。但同時，這類客戶往往又有較大的影響力，一旦他們認定某種產品，就可以影響到周圍很大的一群人。

面對這樣的客戶，銷售人員不能簡單地以「這個客戶沒有購買慾望，推銷也是白推銷」為理由而放棄，也不能採用一般普通的方式對其進行說服，而應針對其特點，對其進行重點說服，這樣才會獲得理想的效果。

實際的狀況，銷售人員往往對此類客戶表現出矯枉過正的錯誤。要不就是對其不聞不問，態度冷到冰點，認定這類客戶就是一個「只享受上帝服務卻從不購買產品」的「假性客戶」；或者過於熱忱地為其服務，希望以「真誠」來打動客戶，利用這類客戶巨大的影響力迅速獲得豐厚的回報。前一種做法等於主動放棄了成交的機會和希望，後一種則顯得過於急功近利。打動這類客戶需要一些步驟，過於熱忱的服務往往會使他們更加認定你存有功利之心，想從他那裡獲得利益，因此更加看輕銷售人員也更難敞開心門。

那麼對於這類客戶，究竟該怎麼辦呢？

首先，銷售人員要認清這類客戶的本質。一方面，對這類客戶予以重視，給予適當的熱忱服務，藉由服務這類客戶，吸引更多的潛在客戶，「借勢」凝聚人氣；另一方面，將重點放在周圍這批容易受到影響的「潛在客戶」身上，來獲得實際銷售績效。

事實上，在玩具展上，由於國外買家和展示小姐不斷的問答交流，周圍的其他採購被吸引了過來，許多採購人員對玩具產生了濃厚興趣，並紛紛下單採購這款新玩具。銷售人員又可利用其他人的購買行為旁敲側擊，從側面來「打破心防」，影響這類客戶果斷做出購買決策。

如果這樣還是無效，銷售人員可以採用冷處理，隔一段時間再和該客戶進一步詳談，先照顧其他已經心動的客戶。如果交談三次之後，該客戶還是沒有實際行動（非言語），那麼銷售人員就可以暫時放棄該客戶，轉攻其他客戶，這樣才會獲得較好的業績。

潛在客戶的區別化對待

世界上沒有兩樣東西是完全相同的，即使是雙胞胎，也有細微的差別。對於銷售人員而言，每個潛在的客戶也都各不相同的。每個客戶都有自己的個性和特點，在和客戶溝通的過程中，不同的客戶通常會表現出不同的心理特徵。能分辨出不同客戶的不同特性，可以讓自己的銷售更有效率。美國加納德企管顧問公司根據客戶的心理特徵，將客戶分為以下幾種不同的類型：

◎情緒不穩定型

情緒不穩定的客戶表現在外就是好奇、感情變化快、虛榮。往往很情緒化，陰晴不定，常常根據自己的好惡來決定是否購買，屬於衝動型，比較感性的一類。情緒不穩定的客戶多以年輕人為主。

◎高傲自大型

高傲自大的客戶通常會表現出一種優越感，孤高自傲，認為銷售人員比自己低一等，因而很多時候對銷售人員愛理不理。他們會吹噓自己的價值，並藉此來掩飾內心的空虛，對銷售人員的介紹會表現出一種無所謂的態度。因為其內心的優越感，因此他們常常隱藏自己的缺點。

◎畏生型。

畏生的客戶表現在外的就是缺乏自信，低估自己、孤僻、逃避。他們對銷售人員的直覺反應就是拒絕，也不會將自己的需求主動說出，可是一旦有所需求的時候，卻往往表現得猶豫不決。畏生的客戶是銷售人員最為頭痛，也是最難啃的「骨頭」，要獲得成功的難度非常高。

◎疑似沈默型。

疑似沈默的客戶表現得較為拙於「交談」，不想說話，怕說錯話，常用「言語」以外的肢體動作表達心意，會因為心情不好或急於把你「攆走」等原因不願交談。

◎「彬彬有禮」型。

「彬彬有禮」的客戶比較避免衝突，故作謙和，非常重視自己的形象。「彬彬有禮」的客戶主要是社會地位的中高層，也就是所謂的白領階層。他們的需求往往比較講究品味，但很多時候並不外露。

◎怪癖型。

怪癖型客戶表現出期望以誠待人、自卑以「怪理論」壓人。這種類型的客戶有很強的個性，喜歡逞口舌之能並在口頭上占人便宜。銷售人員必須注意的是，與這類怪癖型客戶打交道時比較容易發生爭辯。

◎外冷內熱型。

外冷內熱的客戶的需求往往很強烈，然而被隱藏得很好，銷售人員需要耐心地詢問和推敲，才能證實。

既然客戶有不同的類型，那麼銷售人員當然就不能千篇一律地用一種方法來應對每個客戶。成功的銷售人員會針對不同類型的客戶，發展、使用不同的促銷策略方法，以達到成交的目的。

應對「情緒不穩定」的客戶，銷售人員如果能瞭解他們的興趣和愛好，將更容易掌握他們的心。

應對「高傲自大」的客戶，銷售人員應多給予讚美，迎合其自尊心，以禮讓有禮的態度，拉抬他的虛榮心，使他產生一種錯覺：原來自己是如此高貴，另一方面，銷售人員應該有一種自大隨人的心理準備，客戶喜歡自傲就讓他自傲，愛自我吹捧就讓他自我吹捧去吧。客戶也會意識到自己行為的不妥，言行自然就會有所收斂。

應對「畏生」的客戶，銷售人員要多動腦筋，勤於察言觀色，要在「給」和「韌」上下功夫。「給」是指付出，「韌」是指不屈不撓的韌性，取得對方的信賴是成交的關鍵所在。另外，這一類型的人在冷靜思考時，往往會出現「否定的意念」，應該以誘導的方法，使其做出「肯定」的決策。

應對「疑似沈默」的客戶，銷售人員要會「察言觀色」，藉由對客戶的表情舉止做研究，捕捉暗藏在他「肢體言語」後的資訊，再揣度他的表情態度，摸清對方的心理，找一個能使他提高興趣的話題。

應對「彬彬有禮」的客戶，銷售人員要從瞭解他們的需求下手，從客戶的心理出發，才能真正獲得他們的認同。千萬不可以沒弄清客戶的需求就憑自己的感覺去銷售，不然最後將只是做白工，浪費時間罷了。

應對「怪癖型」的客戶，銷售人員必須控制自己的脾氣，不要為怪癖型客戶所表現出的種種怪異反應所困擾，而喪失成交的機會。要對有怪癖的客戶加以控制，必須做到毫不畏懼，盡量避免與其正面交鋒，避其鋒芒。一旦意見相左時，也要面帶微笑，博其好感，先承認對方有道理，並多傾聽，找機會將話題導回正題。

應對「外冷內熱」的客戶，銷售人員要有堅強的恒心和毅力，用自己的真心和真誠去感動他。

儘管對待不同類型的客戶採用不同的方法，並不是一件容易做到的事情，但銷售人員必須朝這一方向努力。在拜訪客戶時，銷售人員必須留心觀察客戶，根據客戶不同的職場表現，分析其心理特質，然後量身訂製一套個人專屬的銷售策略、話術，將彼此的關係向前推進一步。一旦能夠做到個別化對待潛在客戶時，銷售業績肯定會得到極大的改善。

22 要善用傾聽和讚美的策略

銷售人員要想有效擴展自己的客戶資源，必須學會傾聽和讚美。一流的銷售人員在會見客戶時得花上百分之八十以上的時間去傾聽和讚美客戶。

積極的傾聽

喬．吉拉德向一位客戶銷售汽車，交易過程十分順利。當客戶正要掏錢付款時，另一位銷售人員跟吉拉德談起昨天的籃球賽，吉拉德一邊跟同伴津津有味地說笑，一邊伸手去接車款，不料客戶卻突然掉頭就走，連車也不買了。吉拉德苦思冥想了一天，不明白客戶為什麼對已經挑選好的汽車突然放棄了。晚上九點，他終於忍不住給客戶打了一通電話，詢問客戶突然改變心意的理由。客戶不高興地在電話中告訴他：「今天下午付款時，我和你談到了我的小兒子，他剛考上密西根大學，是我們家的驕傲，可是你一點也沒有聽見，只顧跟你的同伴談籃球賽。」吉拉德明白了，這次生意失敗的原因是因為自己沒有認真傾聽客戶談論自己最得意的兒子。

傾聽，是最簡單也是最有效的銷售方法。日本銷售大師原一平說：「對銷售而言，善聽比善辯更重要。」銷售人員可以藉由「傾聽」來獲得客戶更多的認同。

傾聽往往能贏得客戶的好感，也只有認真傾聽客戶說話，才能聽出客戶的意圖和打算，因此傾聽在推銷的過程中非常重要。

用心傾聽，可以表現出對客戶的關心與重視，而能贏得客戶的好感和認同。在傾聽時，不僅要聽客戶的言詞，還要剖析言詞中的真正涵義，掌握客戶的心理，洞悉他需要什麼？關心什麼？擔心什麼？只有瞭解客戶的心理，推銷才會更加精準有效。不論是客戶的稱讚、抱怨、駁斥，還是警告、責難，都要仔細地聆聽，並適時做出反應，以表示高度關心與重視，這樣必能贏得客戶的好感，進而達成交易。

銷售人員在拜訪客戶時，最重要的工作是「傾聽」，而且必須是積極的傾聽。

所謂積極的傾聽是積極主動地傾聽客戶所講的事情，掌握客戶的真實心理，以求為客戶解答問題，並不只是被動地聽對方說話而已。但是，銷售人員在與客戶溝通時，最常犯的錯誤就是只「擺出」傾聽客戶說話的「樣子」，內心裏卻迫不及待地等待機會，想要介紹自己的產品，這樣做往往聽不出客戶的意圖、聽不出客戶的期望，因而失去了切入主題的角度。要想在銷售行業成為傑出的人，一定要在傾聽方面下功夫。客戶不開口，生意肯定做不成。

讓客戶「感覺」到真心的傾聽

可以用下列方式表明對說話的內容感興趣：

◎保持眼光接觸。

聆聽時，要注意看著對方的眼睛。這樣既可以認真地傾聽，也可以讓客戶感受到尊重。

◎讓客戶把話說完。

讓人把話說完而且不中途插話，這表示注重溝通的內容。打斷別人說話不僅不禮貌，有時會激怒對方。

◎隨時表示贊同。

點頭或者微笑可以表示贊同客戶所說的內容，表示與說話人的意見一致。客戶感受到被認同的喜悅，絕對有利於日後的銷售。

◎聚精會神的聽。

不要邊聽邊做一些無意義的小動作。人們總是把亂寫亂畫、轉筆或看手錶解釋為心不在焉。在客戶說話時，若左顧右盼，不停地看錶，翻弄手邊的資料，或做別的小動作，那這筆生意大概也就要泡湯了。

能夠做到以上幾點，就能在交談中表現出對客戶的重視，客戶也一定會有所回報。

傾聽的技巧

◎站在客戶的立場，仔細地傾聽。

每個人都有自己的立場及價值觀，因此，試著站在對方的立場來考量各種可能的狀況，仔細地傾聽他所說的每一句話，不要用自己的價值觀來修正或評斷對方的想法，要想辦法引起客戶的共鳴。

◎再覆述一次，以確認自己所接收的訊息就是對方所講的。

必須重點式的重覆對方所講過的內容，以確認自己所理解的和對方所闡述的是一致的，如：「您剛才所講的意思是不是指……」、「我不知道我聽得對不對，您的意思是……」

◎讓客戶把話說完，並記下重點。

記住你是來滿足客戶需求，帶給客戶好處的，在客戶充分傳達出他自己的意願以後，趕緊記下重點，事後的準備才能正確地滿足他的需求。

◎對客戶所說的話，不要表現出防衛的態度。

當客戶所說的事情，對銷售可能造成不利時，不要立刻反駁，可以再請客戶針對事情做更詳細的解釋，以找出補強的方案。

良好的傾聽技巧，是銷售技巧中絕不可少的構成要素。

真誠地讚美

每一個人，包括我們的客戶，都渴望得到別人的讚美。適當的讚美客戶不僅能體現銷售人員的個人修養，更能為促成業務推波助瀾。因此，懂得讚美的人，絕對可以成為一位優秀的銷售人員。

原一平有一次去拜訪一家商店的老闆。

「先生，您好！」

「你是誰呀？」

「我是明治保險公司的原一平，今天我剛到貴地，有幾件事想請教您這位遠近知名的老闆。」

「什麼？遠近知名的老闆？」

「是啊，根據我詢問的結果，大家都說這個問題最好請教您。」

「哦！大家都在說我啊！真不敢當，到底是什麼問題呢？」

「實不相瞞，是……」

「站著談不方便，請進來吧！」

……

就這樣，原一平輕而易舉地過了第一關，也獲得了客戶的信任和好感。

出自於內心的讚美會使人心花怒放，同時，讚美也是人與人之間溝通的潤滑劑。

卡耐基講過這樣一個故事：

有一次，我到郵局去寄一封掛號信，人很多，我排著很長的隊伍。我發現那位管掛號的職員對自己的工作很不耐煩——信件、賣郵票、找零錢、寫購票證明單。我心想：「可能是他今天遇到了什麼不愉快的事情，也許是年復一年地做著單調重覆的工作，內心早就煩了」。

因此，我對自己說：「我要使這位仁兄喜歡我。顯然，要使他喜歡我，我必須說一些令他高興的話。」所以我就問自己：「他有什麼值得我欣賞的嗎？」稍加用心，我立即就在他身上看到了我非常欣賞的一點。

因此，當他為我服務的時候，我很誠心的對他說：「我真的很希望有你這種頭髮。」他抬起頭，有點驚訝，面帶微笑：「嘿，不像以前那麼好看了。」他謙虛地回答。我肯定地對他說：「雖然你的頭髮失去了一點原有的光澤，但仍然很好看」。他高興極了。我們愉快地談了起來，最後，他頗為自豪地說：「有相當多的人稱讚過我的頭髮哩！」我敢打賭，這位仁兄當天在回家的路上一定會哼著小曲，他回家以後，一定會跟他的太太提到這件事，他一定會對著鏡子說：「這的確是一頭美麗的頭髮。」想到這些，我也非常高興。

對於銷售人員來說，讚美是一種必要的訓練。在最短的時間裏找到對方可以被讚美的地方，是銷售人員必須具備的本領。讚美的內容可以是一條時尚的領帶，一件名牌的襯衫，流行的髮型，個性的眼鏡，氣派的辦公室，和藹可親的態度，香濃的咖啡等等，只要讚美出自真誠，就能發揮神奇的效用。一個失敗的銷售人員總是尋找缺點去批評，而一個成功的銷售人員總是找出對方的優點來讚美，因為他能夠透過讚美而接近客戶！

一般來說，如何發現一個人真正值得讚美的地方，其實還是有規則可循的。比如說，對老年人可以讚美他輝煌的過去、健康的身體、幸福的家庭或有出息的兒女等；對年輕母親讚美她的小孩，往往比直接讚美她本人更有效……。

不過，讚美一定要把握分寸、注意方法。要讓讚美成為一種尊重客戶的方式，成為一種肯定客戶的態度，讚美才會真正有效。

真誠的讚美是實事求是的、有所憑藉的，是真誠的、出自內心的，是為眾人所喜歡的。天底下最好的讚美就是選擇對方最心愛的東西，最引以為自豪的東西加以稱讚。如果讚美並不是基於事實或者發自內心的，就很難讓客戶相信，甚至客戶還會認為是在諷刺他。比如一個其貌不揚的女孩，如果硬要誇她美若天仙，就很可能遭到反感。一旦客戶聽到了違心的話，最直接的反應就是這個銷售人員是不可靠的。

讚美並非越直接越好，有時，間接的讚美更能打動人心。比如說，對方是個年輕的女客戶，為了避免誤會，不便直接讚美她。這時，不如讚美她的丈夫和孩子，這比讚美她本人還要令她高興。也可以藉由第三者的口吻來讚美，比如說：「怪不得小麗說妳越來越漂亮了，剛開始還不相信，今天見面可真讓我信服了。」這比說：「妳真是越長越漂亮了」

更有說服力，而且可避免輕浮、恭維奉承之嫌。

讚美別人時千萬不能漫不經心，用缺乏真誠的空洞內容來稱讚，這不但不會使對方高興，有時甚至會因為敷衍而引起反感和不滿。一般來說，讚美言語越詳實具體，表示你對客戶越瞭解，對客戶的反應越注重。當客戶感受到真摯、親切和可信時，距離自然就越拉越近。

讚美要根據不同的對象，採取不同的讚美方式和口吻來迎合對方。對年輕人，語氣可稍帶誇張、新潮；對德高望重的長者，語氣要穩重、正經；對思維機敏的人要直截了當；對有疑慮心理的人要盡量明示，把話說透透。

此外，讚美不一定都要表現在言語上，藉由目光、手勢或者微笑，都可以表達對客戶的讚美之情。

延伸閱讀

Concept系列

系列/Concept　125　　　　　　　　定價/280元

哈佛大學的商業菁英都是這樣做

哈佛大學已經不僅僅是一個學校，而是一個品牌，它對商場競爭提出了許多建議和精闢的論述，其中的精華在於從若干個方面闡述了行走商界必須要具備的條件，包括目標、行動、熱忱、信心等。它給了全世界沒有直接在哈佛校園內接受教育的人，一次上「哈佛」大學的機會，為自己在以後的職場、事業和商場奮鬥中指點迷津。

系列/Concept　126　　　　　　　　定價/250元

誰是聰明人

積極的態度是人生的前提，是每個人都必須具備的，但方法則就千差萬別了，每個人要根據自己的具體情況，找到最適合自己的方法。
世上沒有人一生都事事如意，一帆風順。要學會掌握自己的人生，祕訣往往在於懂得接受現實，適應環境，全力以赴。

系列/Concept　127　　　　　　　　定價/250元

世界級行銷學

行銷其實就是一個攻心術，誰掌握了顧客的心理，誰就是最後的贏家。不同的思維，不同的推銷術，就會有不同的結果。
面對生活的變化，我們常常習慣於過去的思維方式和思維定勢，這樣思路就會狹窄，就無法多角度的思考問題。身為行銷人員，要想成功，必須打破常規，找到新的突破口。

系列/Concept　128　　　　　　　　定價/280元

不抱怨的智慧

生活不是用「過」的，而是體驗；要不要做不是問題，而是答案，你是可以掌握你自己的。本書一一呈現我們在現今混亂的社會中所會遇到的問題，並且教導我們如何在這樣的社會中充實自己。
本書最明顯的一個特色：就是你從任何地方開始閱讀都可以。

國家圖書館出版品預行編目(CIP)資料

思維：一場拉開人生差距之旅 / 蔣蔚剛著. --
初版. -- 臺北市：種籽文化, 2020.11
面； 公分

ISBN 978-986-99265-3-9(平裝)

1.銷售 2.行銷策略 3.職場成功法

496.5 109016100

Concept 129

思維：一場拉開人生差距之旅

作者／蔣蔚剛
發行人／鍾文宏
編輯／編輯組
行政／陳金枝

企劃出版／喬木書房
出版者／種籽文化事業有限公司
出版登記／行政院新聞局局版北市業字第1449號
發行部／台北市信義區虎林街46巷35號1樓
電話／02-27685812-3 傳真／02-27685811
e-mail / seed3@ms47.hinet.net

印刷／久裕印刷事業股份有限公司
製版／全印排版科技股份有限公司
總經銷／知遠文化事業有限公司
住址／新北市深坑區北深路3段155巷25號5樓
電話／02-26648800 傳真／02-26640490
網址：http://www.booknews.com.tw(博訊書網)

出版日期／2020年11月 初版一刷
郵政劃撥／19221780 戶名：種籽文化事業有限公司
◎劃撥金額900(含)元以上者，郵資免費。
◎劃撥金額900元以下者，若訂購一本請外加郵資60元；
劃撥二本以上，請外加80元

定價：270元

喬木
書房

喬木
書房